문명을 위한 힘 원자력 에너지

나의 손주 알피, 앨리스, 조스, 미니, 에드워드, 조지 그리고 이후
태어날 후세들을 위해 이 책을 쓴다.
언젠가는 그들이 이해할 수 있게 될 것이다.

- 웨이드 앨리슨

이 책자는 대한민국 발전과 과학문화 창달을 염원했던
故 김팔호 장로님과 정찬례 권사님의 뜻을 받들기 위해
유족인 김영웅·김양숙 님이 〈사실과 과학 네트웍〉에
지원한 기금으로 출간되었습니다.

- (사)사실과 과학 네트웍

문명을 위한 힘 원자력 에너지

Nuclear is for Life – A Cultural Revolution

원저

웨이드 엘리슨

Wade Allison MA DPhil

기획

(사)사실과 과학 네트웍

번역

양재영

원자력공학 박사

감수

정동욱

중앙대 에너지공학부 교수

•

조규성

카이스트 원자력 및 양자공학과 교수

도서출판 정음서원

역자의 말

양 재 영 (원자력공학 박사)

번역에 들어가자 당혹감이 밀려왔다. 까다로운 Wade Style 때문이었다. 그러나 그 문체가 더 많은 정보를 함축적으로 독자들에게 전달하기 위한 노력임을 깨달으면서 당혹감은 책 속에 담긴 방대한 자료와 저자의 해박한 지식과 함께 감탄으로 바뀌었다. 원자력 외길을 걸어온 역자도 번역 과정에서 많은 것을 배웠다. 실제 핵사고 사례와 간단한 계산을 통해 현재의 방사선 안전기준이 얼마나 지나치게 보수적으로 설정되어 있는지를 보여주는 저자의 혜안도 놀라웠다.

삼중수소 방사능 괴담으로 온 나라가 들끓고 있는 지금 이 책은 많은 국민들의 우려를 잠재울 과학적 근거로 큰 몫을 하리라 기대된다. "진리가 너희를 자유롭게 하리라"라는 성경 말씀처럼 이 책에 담긴 과학적 진실이 많은 사람들을 왜곡된 방사선 공포로부터, 그리고 나라를 흔드는 정치적 선동으로부터 해방시켜줄 것으로 믿어 의심하지 않는다.

번역문이 어색한 것은 역자의 능력 부족 탓이니 미리 독자들의 양해를 구한다.

웨이드 앨리슨 교수의 저서 "Nuclear is for life"를 번역하게 된 것은 영광이었다.

참고로 본 책자는 일반인들의 편의를 위하여 난해한 물리학 이론 설명를 생략한 축약본과 전문 연구자들을 위한 완역본 두 종류로 발간되었다. 완역본은 영한대역본으로 원문을 참조할 수 있도록 하였다.

2023년 9월

원자력공학 박사 양 재 영

추천사

방사선 공포증을 치료해야만 원자력으로 지구를 살릴 수 있다.

- 『Nuclear is for Life』 한국어판 출간을 축하하며 -

조 규 성

(카이스트 원자력및양자공학과 교수)

지난 몇 개월 간 일본 정부의 후쿠시마 원전 오염 처리수 방류를 놓고 '우리나라 수산물에 영향이 있느냐, 없느냐' 하는 문제로 연일 TV나 SNS 등에서 여론이 시끌벅적 뜨거웠다. 이러한 와중에 "후쿠시마에 저장된 오염수를 ALPS로 처리할 시 1 리터를 마실 수 있다"는 영국 옥스퍼드대 웨이드 앨리슨 교수의 발언이 한동안 화제가 되었다. 처리수를 방류해도 우리 국민의 건강에 영향이 없다는 점을 단적으로 호소하고자 하셨던 것인데, 정치적으로 구설수에 오르게 되었다.

방사선에 관한 앨리슨 교수의 두 번째 책 〈Nuclear is for Life〉 한국어 출간을 앞두고 지난 5월에 한국을 처음 방문하신 웨이드 교수를 만났다. 짜장면을 너무 맛있게 드셨다. 82세의 연세라고 믿기에는 놀라울 정도로 열정적이고 아이처럼 순수하셨다.

이 책에서 웨이드 교수는 직립보행을 하기 시작한 백만 년 전 즈음부터 불을 사용해온 인류가 지난 백여 년 간 화석연료라는 달콤한 탄소연료를 지나치게 남용한 결과 지구온난화와 이상기후라는 파멸의 위기를 맞이하고 있는데, 우리가 지구 환경 파괴를 막고 지속가능한 미래를 맞이하려면 유일한 대안이 밤하늘에 빛나는 별들의 에너지, 즉 핵에너지임을 역설하고 있다. 하지만 원자력에 대한 대중의 공포는 방사선에 대한 공포에 뿌리를 두고 있어서 이를 어떻게 극복할 수 있는지를 사례와 비유를 통해 설득력있게 설명하고 있다.

사이비환경주의자 즉 반핵주의자들은 '방사선은 눈곱만큼이라도 위험하다. 언젠가는 암이 생기게 되거나 후손이 기형아를 낳을 수도 있다.'고 주장한다. 과학자는 데이터에 근거하여 '양'을 얘기하지만 선동가는 '상상'을 얘기한다.

파라셀수스의 명언처럼 '독이 아닌 물질은 없다. 독인지 아닌지는 그 양이 결정한다.' 즉 우주 만물은 지나치면 모두 독이 될 수 있다. 커피 100 잔을 마시면 둘 중 한 명은 사망한다. 이를 반수치사량(Lethal dose 50%, LD50)이라 한다. 물은 6 리터, 소금은 300 g이 반수치사량이다. 더 나아가 햇볕, 소금에 절인 생선, 소시지와 햄, 맥주 등 우리가 즐겨 먹는 많은 것들이 모두 세계보건기구(WHO)가 공표한 1급 발암물질이다. 그렇다고 우리가 절대 먹어서는 안되는 것이 아니다. 방사선도 마찬가지이다.

웨이드 앨리슨 교수가 이 책에서 강조하듯이 '위험'은 특정 사물의 본질이 아니다. 독약이라도 그 섭취 양이 문제다. 또 '안전'은 '관리와 교육'을 통해 확보할 수 있다. 인간이 지난 백만 년 간 불을 잘 관리하고 전수하여 발전해 왔듯이 이제는 원자력과 방사선을 잘 관리하고 교육하여야 한다.

불을 두려워하고 거부했던 많은 구석기 종족들이 빙하기에 살아남지 못했듯이 지금 우리가 원자력을 두려워하고 거부하면, 우리의 후손들은 에너지가 부족한 세상에서 고통받으며 살다가 멸종하게 될 수도 있을 것이다!

어쩌면 핵에너지 즉 원자력이야말로 판도라의 신화처럼 상자속에 감춰져 있다가 환경위기를 맞이한 이 시기에 메시아처럼 등장한 지구의 희망이라는 생각이 든다.

2023년 9월

카이스트 원자력및양자공학과 교수 조 규 성

차례

제3장 생명의 법칙 - 증거와 신뢰

제4장 흡수방사선과 손상

제5장 다량의 방사선량의 효과

제6장 물리 과학의 보호막

제7장 자연 진화의 보호막

제8장 사회 - 신뢰와 안전

제9장 겁먹은 사람들에 의해 왜곡된 과학

제10장 두려워할 이유가 없는 원자력 에너지

[부록]

■ 머리말

웨이드 앨리슨

이 책은 후쿠시마 사고 이후, 2009년 출판된 『Radiation and Reason』(한국어판 『공포가 과학을 집어삼켰다』, 2021)의 메시지를 확장한 것이다. 이 책은 방사선과 삶의 역사적, 문화적, 과학적 상호작용을 폭넓게 연구한 자료이며, 우선 사회가 왜 핵 기술에 관해 지나치게 신중한 견해를 취하는지 묻는다. 그리고 원자력 사고와 기타 방사선 피폭의 영향과 자연이 마련한 안전 메커니즘과 인위적 규제로 부과된 안전 기능의 효과를 살펴보고 생물학적 진화가 어떻게 생명체를 중·저 준위 방사선 노출로부터 생존할 수 있게 했는지 설명한다. 이 책은, 정상적인 수준의 정보, 교육, 안전 및 설계가 적용 됐을 경우에도 과연 원자력이 고비용 에너지일 것인지 질문하고 있다.

이 질문들은 크게 어렵지 않은데도, 단지 극소수의 사람들만 묻는다. 이 질문의 해답은 사실 대기오염과 그 오염이 기후에 미치는 영향을 고려할 때 지구상의 모든 사람들에게 굉장히 중요하다고 생각한다. 나는 내 손주들이 이 책을 통해 우리의 삶터인 이 놀라운 자연계를 보다 새로운 시각으로 바라보기 바라며 내 손주와 동시대를 살아가는 사람들이 우리 세대보다 자연의 아름다움을 더 잘 이해하고 보살펴 주기를 소망한다.

이 책의 주제는 굉장히 광범위하다. 따라서 너무나 명백하거나 어려운 부분이나, 몇몇 장들을 생략하여 읽고 싶어할 수도 있다. 일부 어려운 구절들의 이해를 돕기 위한 설명은 글상자 안에 기술하였다.

이 책의 끝에 권장하는 도서, 기사, 영상 및 웹 사이트 목록을 [SR1]부터 [SR10]까지 참조번호를 붙여 기술했다. 표와 삽화 및 용어사전 목록도 부록으로 첨부했다. 수량과 관련된 삽화는 도표나 그래프로 표시하였고, 다른 삽화는 단순한 설명용 그림이거나 스케치다.

이 연구는 많은 사람들의 도움 없이는 절대 불가능했을 것이다. 나는 많은 친구들을 사귀었고 그 중 일부는 한번도 만난 적 없지만 너무나 중요하고 존경스러운 의견들로 큰 공헌을 해주었다. 모한 도스, 로드 애담스, 제리 커틀러 그리고 국제특별단체인 SARI의 다른 멤버들. 그들의 지식과 결단력으로 언젠가 원자력이 인정받게 될 것이라는 큰 희망을 품을 수 있었다. 『Radiation and Reason』의 초안을 읽은 제임스 할로우와 폴 이든은 도쿄에서 끊임없는 도움을 줬다. 또한 데이비드 와그너, 타테이와 상, 다카무라 상, 오이카와 박사, 하시두메 박사, 톰 길 교수 및 쇼지 마사히코 등 일본의 유용한 연락처와 정보를 소개해 주신 모든 분들께 감사를 표한다. 더불어 존 브레너, 이케다 선생 그리고 다카야마 상께 보내준 응원에 감사를 표하며 최근 방문을 환영해 주신 일본의 방사선 정보 협회(SRI) 회원들에게도 감사를 전한다. 내 집필 과정의 처음부터 끝까지 고통을 마다않고 정의의 빨간 펜을 휘둘렀던 존 프리스트랜드, T.R. 클리브 엘스워스, 리차드 크레인, 리차드 워커에게도 깊은 감사를 표한다. 그리고 끊임없는 응원으로 몇 달, 몇 년 동안 이 일을 계속할 수 있도록 도와준 내 아내 케이트에게 깊은 감사를 표한다.

또한, 최근 얼굴을 자주 마주하지 못했던 우리 가족 모두에게도 감사를 전한다. 만화를 그려준 로이스톤 로버트슨, 웹 사이트를 구축해준 리차드 크레인, 미셸 영, 그리고 책의 표지를 디자인해 준 아들 톰과 『Radiation and Reason』을 출판했을 때와 마찬가지로 책의 출판 단계에 가장 도움이 되어준 요크 출판 서비스에 감사를 전한다. 불가피하고 애석하게도 출판 후 발견되는 많은 누락과 당연히 실수도 포함한 잘못은 모두 저자의 책임이다.

2015년 10월 옥스포드에서

웨이드 앨리슨

웨이드 앨리슨

"Radiation and Reason"의 한국어판이 출간된(2021) 이후로, 에너지 위기에 대한 태도가 변하고 있습니다. 우크라이나 전쟁과 명백한 기후 변동으로 인하여 에너지 위기에 대처해야 할 필요성이 더욱 절실해졌습니다.

그러나 안타깝게도 이러한 시대적 요청은 일반적으로 날씨에 종속적인 빈약한 에너지원으로 돌아가자는 신호로 해석되고 있습니다. 이른바 신재생에너지를 말하는데 그것은 이미 산업 혁명 이전에 불충분한 에너지원으로 입증된 것입니다.

중장기적으로 유일한 해결책은 핵 에너지입니다. 하지만 이것을 전 세계적으로 이용하려면 40년은 걸릴 것입니다. 더 높은 기술 발전도 중요하지만, 2015년 출판된 영어판에서 언급한 바와 같이 최상의 길은 문화적 및 교육적 전환에 달려 있습니다.

자신이 직접 공부하려 들지 아니하고 그저 미디어와 같은 권위에 의존하고자 하는 것은 다가오는 혁명적 전환 시대가 요구하는 각 개인들의 자신감을 높이는 방법이 아닙니다.

인공 지능이 일부 업무에 필요한 노력을 줄여 준다면, 젊은이와 노인들을 위한 의료 및 사회 복지 뿐만 아니라 더욱 폭넓고 깊은 교육을 위해 가능한 한 더 많은 시간과 노력을 기울여야 합니다.

이러한 문화적 및 교육적 노력은 핵 에너지로의 혁명적 전환에 필요한 엔지니어와 기술자들을 위한 교육일 뿐만 아니라, 지난 80년간의 오해를 꿰뚫어 볼 수 있는 신세대의 학교 교사, 언론 해설가, 규제 당국자 및 정치인들과 함께 만들어 가는 문화적 개혁입니다.

이 책을 읽음으로써 그러한 일들의 일부라도 시작될 수 있기를 바랍니다.

2023년 9월 옥스포드에서

웨이드 앨리슨

제1장

많은 오해들

그레고리 : 내 관심을 끌만한 별다른 문제가 있나?
셜록 홈즈 : 한밤중에 일어난 그 수상한 개 사건 말이야.
그레고리 : 그 개는 밤중에 아무것도 안 했잖아!
셜록 홈즈 : 그게 바로 수상한 점이야.

실버 블레이즈(1892년), 아더 코난 도일 경

요약

2011년 3월 발생한 후쿠시마 다이이치 원자력 발전소의 방사선 재앙이 호기심을 자아낸다. 상당한 양의 방사능이 누출되었던 이 사고는 일어날 수 있는 가장 심각한 사고의 범주에 포함됐다. 하지만 방사선으로 인한 사상자가 한 명도 없었기 때문에 설명이 필요하다.

그동안 우리는 핵 과학이 생명에 기여할 수 있는 점에 대해 잘못 이해하고 있었다. 이제 우리는 후쿠시마 뿐만 아니라 다른 사고와 임상 의학 및 기타 여러 곳에서 얻을 수 있는 확실한 증거를 현재의 과학적 지식에 비추어 조사해야 한다. 이 결론에서 중요한 것은 살아 있는 조직이 방사선에 반응하는 방식이다. 이 반응은 지구상의 생명 역사에서 아주 일찍부터 진화해 왔고, 이 반응이 없었다면 생명체는 살아남지 못했을 것이다. 모든 핵 관련 사고에서 역설적으로 생명의 손실이 극히 적음에도 불구하고, 오늘날 안전 규정 수립 과정에서는 이 반응의 효과를 노골적으로 무시해 왔다. 기존의 산업 및 농업 분야에서 안전 규정을 제정할 때는 모든 위험이 냉정하고 균형있게 고려된다. 하지만 역사적이고 문화적인 이유로 방사선 위험에 대해서는 같은 방식이 적용되지 않는다. 다음 장에서 그 이유들을 탐구하고 명확히 설명할 것이다.

거의 한 세기 동안 우리는 핵 기술이 무엇을 제공해야 하는지 명확히 이해할 수가 없었다. 단편화된 전문 지식 뒤에 숨은 극도로 신중한 당국자들이 과학적 사실을 가리고 있었기 때문이다. 그 핵 기술의 개괄적인 내용은 어렵게 생각되지만, 사실은 간단한 상식적 용어로도 쉽게 이해된다. 대부분의 사람들은 물질 세계의 대부분이 핵 물질이고, 그 핵 물질을 잘 사용하면 인구 밀도가 무척 높아질 지구의 미래에 놀라운 기여를 할 수 있다는 사실을 잘 모른다. 참으로 핵 에너지가 많은 사람들이 우려하는 환경 위협이 되지 않는다면, 핵 에너지는 인류가 직면한 가장 심각한 문제들, 즉, 대기 오염 뿐만 아니라 청정 에너지 부족, 깨끗한 물과 식량의 부족 등을 상당 부분 해소할 수 있는 해결책이다. 민주주의에서는 유권자가 문제의 핵심을 이해해야 하기 때문에 이 사실은 매우 중요하다. 그렇지 않으면 분별없이 편향되기 쉬운 선동에 휩쓸려 스스로 파멸에 이르는 결정을 내릴 수도 있게 된다.

이 지구상에서 인류의 우월성은 우리 인간의 열린 마음과 상호 신뢰를 바탕으로 형성된 지식의 확신과 협력이 있었기에 가능했다. 그러나 핵 기술의 경우 이러한 관계들은 모두 끊어졌으며 이를 회복하기 위해서는 인류 문명사상의 대대적인 전환이 필요하다. 이것은 과학과 사회에 대한 대중의 신뢰 형성을 위한 완전한 증거와 맞물려 있기 때문이다. 개인이 설명해서 될 일도 아니거니와 마찬가지로 명령 하달식 위원회로 해결될 문제도 아니다. 핵 관련 기회들은 투명해져야 하며. 더 이상 두려움과 모호함의 원천이 되어서는 안 된다.

기후 변화

탄소-기반 연료가 대기를 오염시키고 있다. 메탄과 이산화탄소의 농도는 매년 빠르게 증가하고 있으며, 수십 만년 동안 유지되어 오던 농도보다 현재는 2~4배 정도 높다. 온실가스의 알려진 특성을 감안하면, 극지방 만년설이 녹고, 세계적으로 기온이 상승하는 것도 전혀 놀라운 일은 아니다. 그러나 이 현상은 우연의 일치일지도 모르며, 인간의 활동으로 인해 생긴 것이 전혀 아닐지도 모른다.

그러나 보험을 들기 전에 교통사고를 당할 것이라는 증거를 기대해서는 안 되는 것처럼, 최대한 빨리 탄소 연료를 대체하는 것이 합리적인 정책이다. 소위 수력, 지열, 바람, 조류, 파도, 태양 등

〈지구 대기 중의 메탄과 이산화탄소 농도〉

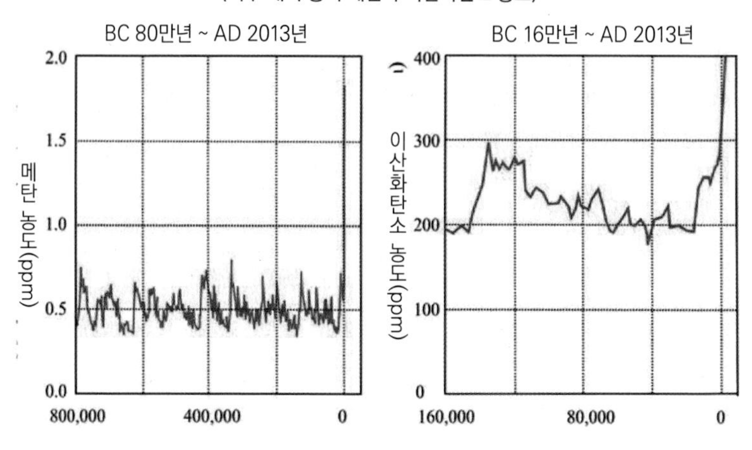

〈그림 1-1〉 최근 메탄 및 이산화탄소 대기 농도의 비정상적인 증가를 보여주는 그래프

의 재생 에너지로 대체하는 것으로는 결코 충분하지 않다. 이른바 바이오연료와 동식물 폐기물 연료는 거의 화석 연료만큼 대기 중에 탄소를 배출한다. 독일은 정치적 자신감에 고무되어 탄소와 핵에너지 사용을 중단하는 어리석은 정책을 선택하였다. 다른 국가들은 좀더 과학적인 관점에 서서, 기후변화를 완화시키기 위해 할 수 있는 최선의 방법은 핵에너지로 전환하는 것이라고 생각한다. 이 정책을 수행하는데 따르는 기술적 장애는 전혀 없지만, 핵 에너지와 그 방사선을 무섭고 위험한 것으로 여기고 있었기 때문에 대중적으로 환영받지 못한다. 대중들은 귀를 닫아버리고 더 이상 알고 싶어하지 않는다. 하지만 이러한 방사선 공포에 대한 과학적 근거는 없다. 그 증거를 명확하게 설명하고 널리 이해시킬 필요가 있다. 왜냐하면 방사선 공포증이 저가의 무탄소 에너지 도입에 유일

한 장애물이기 때문이다. 사실 우리는 핵 기술을 기피함으로써 인류 문명에 대한 중대한 실수를 범하고 있다. 실수가 클수록 손실은 더 오래 지속되기 마련이며, 이를 극복하기 위해서는 개인과 정부의 일치된 조치가 필요하다. 그런데 왜 그런 조치가 취해지지 않는 것일까? 우리는 어떻게 이런 실수를 하게 되었을까? 이 문제는 일반적으로 제기되는 몇가지 견해에 대한 의문을 제기한 후 다시 설명될 것이다.

안전과 의료

이것은 방사선이 안전하다는 뜻인가요?

그렇다면 얼마나 안전한가요?

그걸 어떻게 확실히 알 수 있죠?

첫 번째 질문에 간단하게 대답하자면 '예'이다. 즉, 방사선은 안전하다. 마리 퀴리가 방사선을 발견한 이래 1세기가 넘도록 질병을 진단하고 암을 치료하여 많은 생명을 구해 왔다. 의료용 촬영에 사용되는 방사선량은 체르노빌이나 후쿠시마 같은 핵 사고에서 대중이 피폭됐던 방사선량보다 훨씬 높다. 하지만 '그걸 어떻게 알지요?' 하고 물을 것이다. 과학에 대해 안전하게 느끼고 신뢰를 갖기 위해서는, 몇 가지 부분은 스스로 공부하고 이해해야 하며, 나아가 친구들이나 주변 사람들과 의견을 나누어 광범위하게 신뢰를 쌓아야 한다. 다른 분야와 마찬가지로 과학 분야에 대한 교육과 신뢰의 네트워크가 없으면 인류는 쇠락할 수밖에 없다. 요컨대, 안

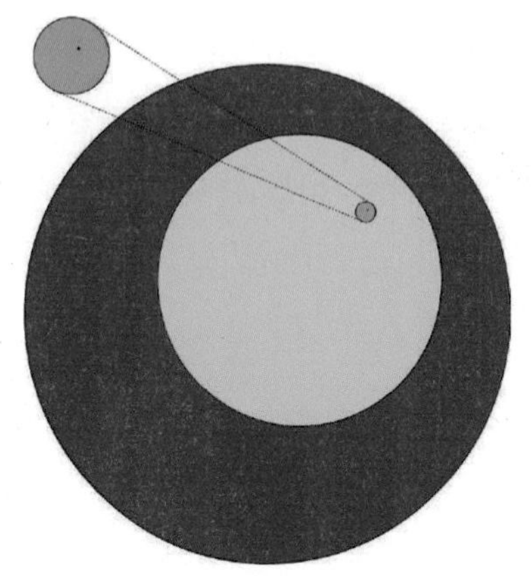

〈그림 1-2〉 원 영역으로 표시한 월간 방사선량 비교 [187페이지, 9장 참조]

- 빨간색 원 : 방사선 치료시 종양에 투여된 선량
- 노란색 원 : 치료받은 종양 근처에 있는 건강한 조직에 투여된 회복 가능한 선량
- 녹색 원: 100% 안전하다고 기록된 선량
- 검은색 점 : 일반적으로 현행 규정에서 권장하는 안전 한계

(검은 점을 좀더 선명하게 확인하기 위해 녹색원과 검은 점을 확대했다.)

전하길 바라고 확신을 가지려면, 무슨 일이 일어나고 있는지 스스로 알아야 한다.

방사선에 대해서는 방사선량을 나타내는 숫자를 잘 보고 질문해야 한다. 방사선요법 치료 과정에서 환자의 종양은 일반 진단용 스캔보다 200 배 높은 일일 선량으로 사라지고 치유된다. 종양 주변 조직은 이 엄청난 방사선 선량의 절반을 5~6주 동안 매일 받아도 거의 항상 살아남는다. 보통 안전이란 목표 달성을 위해 몇가지 위험을 감수하는 것과 아무것도 하지 않는 것, 가령 그저 침대에 누워 있는 것 사이의 타협이다. 사실 방사선요법은 기존 암을 치료할 확률이 아마도 95%는 되겠지만, 반면에 새로운 암을 발생시킬 확률이 5%가 될 수도 있다. 오로지 증거를 살펴보고 방사선이 무

〈그림 1-3〉 선사시대 불을 반대하는 환경론자들과 찬성론자들의 최종 대치 상상도

슨 일을 하는지 이해함으로써 비로소 진정한 안전과 그에 따른 확신감을 얻을 수 있다.

수십만 년 전, 또는 백만 년 전, 인간은 불을 집안으로 끌어들인다는 기발한 생각을 해냈다. 이것은 전혀 안전하지 않았다. 그러나 뜨거운 음식과 따뜻한 숙소로 누리게 될 이점은 위험을 감수하고도 남음이 있었다. 그 옛날 불의 선택과 오늘날 핵의 선택은 매우 유사하다. 다만, 불보다 핵의 위험성이 훨씬 적다. 두 경우 모두 교육이 핵심이다. 물질세계에 대해서도 교육이 필요한 이유는 햇빛의 자외선 예방 교육 사례에서 찾아볼 수 있다. 자녀들이 햇볕에 타서 나중에 피부암이 발생하는 일을 막을 수 있도록 부모들은 자녀 교육 방법에 대해 간단한 조언을 받는다. 자외선은 살아 있는

〈그림 1-4〉 가족을 위해 자외선에 대한 간단하고 알기 쉬운 조언이 담긴 '로이드' 약국 포장지 사진 – 안내 문구에 **'햇볕이 안전하더라도** 적절한 곳에서•적절한 량과•적절한 시간으로'(Be Sun Safe Right Factor • Right Amount • Right Time)라고 적혀 있다.

세포를 손상시킬 수 있는 에너지로서 X-선보다 훨씬 강렬하지만 손상은 적게 일으킨다 그러나 실제 효과는 비슷하다. 즉, 처음에는 세포의 죽음(햇볕에 그을림)에 그치지만 나중에는 피부암으로 발전될 수 있다. 이것을 핵 방사선의 효과와 양적으로 비교할 수는 없다. 그러나 자외선으로 인한 암은 흔히 볼 수 있고, 핵 방사선으로 인한 암은 극히 드물게 보이는 데도, 대중의 우려는 오히려 그 반대이다.

후쿠시마에서는 방사선으로 인한 사상자가 없었다[1]. 그 방사선량이 매우 낮았기 때문에 앞으로 50년 이내에도, 더우기 발전소

1) 2015년 10월 백혈병에 걸린 후쿠시마 근로자에 관한 보도가 언론에 유포됐다. 하지만 이러한 무작위 사례는 어떤 집단에서도 예상될 수 있으며 그 어떤 연관성도 제시되지 않았다. 하지만, 근로자는 5 mSv정도 소량의 방사선에 노출되어서 일본에서 제정된 법에 따라 보상받을 자격이 주어졌다. 언론은 이를 잘못 해석했다.

내 노동자들 중에서도, 방사선으로 인한 사상자는 없을 것이다.

체르노빌의 방사선 관련 사망자는 어린이 갑상선암으로 사망한 15명과 초기 화재 진압에 나섰다가 몇 주 이내에 사망한 28명의 근로자들 뿐이다. 후쿠시마에서 발생한 많은 사상자는 방사능이 아니라 강제 대피와 공포로 인해 발생했다. 체르노빌에서도 단순히 공포 때문에 멀리 떨어진 피난처에서 시행된 수천 건의 불필요한 낙태 때문에 많은 희생자가 발생했다, 반면에 인간이 떠나버린 오늘날의 체르노빌에는 야생동물이 크게 번성하고 있다 – 이와 관련한 놀랄만한 비디오가 꽤 있다. (부록 [SR-7] 참조)

그러나 의문의 여지는 여전히 남아 있다. 드물기는 하지만 인간의 신체 조직이 실제로 핵 방사선에 노출되는 경우 무슨 일이 일어날까?

간단한 과학 그림을 살펴보거나 몇가지 숫자를 곱해 보면, 핵 에너지가 화학 에너지보다 어째서 왜 백만 배 이상 강력한 것인지 알 수 있다. 그러나 이 에너지원은 아주 효과적으로 숨겨져 있어서 19세기 마지막 해까지 그 존재조차 알 수 없었다.

생명체가 매우 연약하다는 것을 감안하면, 이처럼 강력한 핵 방사선이 생명체에는 왜 그처럼 미미한 영향력밖에 끼치지 못할까 이상해 보인다. 그 답은 생명체의 가장 기본적인 목적이 지구 환경에서 살아남는 것이라는 데 있다. 지구 환경에서 살아있는 세포를 위협하는 가장 강력한 두가지 물리적 요소는 전리 방사선과 산소다. 이 위협으로부터 보호기능을 제공하는 것이 생명체가 하는 일이다. 가끔 일어나는 다른 세포나 바이러스와의 싸움을 제외하면, 그 일이 생명체

〈그림 1-5〉 이솝 우화 〈거북과 토끼의 경주〉처럼 느린 진화를 통해 형성된 자연적인 생명 보호는 최근 인간이 만든 규제를 쉽게 이긴다.

가 하는 일의 전부라고 주장할 수도 있다. 생명체 구조의 각 요소는 이 두 가지 위협으로부터 살아남을 수 있도록 설계되어 있다. 생명체는 이러한 보호 체계를 약 30억 년간의 진화를 통해 완성했다. 현대 방사선생물학 연구는 세포가 산소와 방사선의 공격에 대해 수리와 교체, 적응 및 자원 비축이라는 전략을 통해 대처하는 몇 가지 메카니즘을 밝혀냈다. 관료적 규제 방식이 제공하는 그 어떤 보호책도 이 메카니즘과 비교가 되지 못한다. 사람들은 때때로 의료 진료시 받는 방사선량의 영향에 대해 체르노빌이나 후쿠시마 또는 다른 사고에 대해 우려하듯이 걱정한다. 그러나 오히려 자신들이 지니고 있는 엄청난 자연적 보호기능에 경탄해야 할 것이며, 또 마리 퀴리가 도입한 방사선치유법이 현대 의료와 보건에 가져다 준 이점을 크게 환영해야 마땅할 것이다.

핵 불신의 역사적 이유

20세기는 역사상 난폭한 시기였고, 심지어 저명한 과학자들 사이에서조차도 생존 자체의 두려움 때문에 모든 인식이 왜곡되었다.

그러나 이제는 역사적 전망 속에서 차분하게 그 사실을 바라볼 수 있다. 냉전 시기에, 방사선과 핵무기 경쟁에 대한 우려가 컸을 때, 당국자들은 대중을 교육하는 대신 전혀 비현실적인 낮은 수준으로 방사선에 대한 보호를 약속함으로써 대중의 불안한 마음을 달래려고 시도했다. 이 전략은 오히려 방사선에 대한 대중의 공황 상태를 부추겼을 뿐으로, 방사선이 우리 문명에 기여할 수 기회를 봉쇄해 버리는 어이없는 결과를 초래했다. 당국자들은, 그들 자신도 잘못 알고 있었지만, 안전과 확신은 규칙과 규정이 아니라 교육과 신뢰를 통해 가장 잘 확립될 수 있다는 것을 이해하지 못했다.

교육과 권위 및 사회적 신뢰

핵 에너지와 마찬가지로 화폐는 대중의 신뢰와 지지가 절대적으로 필요하다. 은행은 유명 인사의 사진을 인쇄함으로써(그림 1-6) 그 목적을 달성했는데, 그 인물들은 대부분 은행보다 과학에 더 기여한 사람들이다. 그들은 전문가나 위원회 구성원이 아닌 광범위한 개별적인 사상가였다. 우리는 은행이 대중의 지지를 받게 된 이 방식을 따라야 할 것이다. 물론 카누트 왕의 신하들처럼(그림 1-7) 비판력 없는 대중이 떠들어 대는 말을 모두 믿어서는 안 된다.

〈그림 1-6〉 지폐의 그림 : 마리 퀴리, 찰스 다윈, 플로렌스 나이팅게일, 아담 스미스와 같은 독립 사상가들은 위원회 같은 것 없이도 옳은 답을 찾아냈으며 지지를 받았다. 그들은 오늘날 사회적 신뢰의 상징이며, 심지어 지폐에서도 활용되고 있다. 핵 방사능과 같은 문제를 대중에게 알리는 방법을 고려할 때 이들의 사례를 따라야 할 것이다.

일반 대중들은, 적절한 교육과 훈련을 받은 경우, 사고에 직면했을 때 신속하고 지능적으로 잘 대처할 수 있다. 2011년 3월의 지진과 쓰나미에 대한 일본인들의 즉각적인 대처는 우리가 무엇을 해낼 수 있는지 보여주는 좋은 예다. 당시 상황에서 그들은 당국에 묻지 않고서도 무엇을 해야 하는지 누구나 잘 알고 있었다. 그들의 신속한 행동이 아니었다면 쓰나미로 인한 사망 피해는 훨씬 많았을 것이다. 확신과 신뢰는 어린 시절부터 학교 교육과 실습을 통해 형성되며, 지진과 쓰나미가 닥쳤을 때처럼 실제 재난이 발생했을 때 매우 유용하다. 그러나 재난은 아니었지만 그에 대해 전혀 알지 못했던 사고, 즉 핵 사고에 직면하자, 그들은 당국만 쳐다볼 수밖에 없었다. 그러나 당국도 여느 사람들처럼 준비되어 있지 못했기 때문에 아무런 지침도 내려주지 못했다. 당국과 과학에 대한 불신의 물결이 세계 언론의 바람을 타고 빠르게 퍼져갔다.

〈그림 1-7〉 카누트 왕과 아첨꾼 신하들의 전설 : 아첨꾼 신하들은 카누트 왕이 무엇이든지 할 수 있을 거라고 믿었지만, 자신들 스스로는 생각할 능력이 없었다. 그래서 카누트 왕은 그의 왕좌를 바닷가에 두게 하고 '파도여 물러가라'고 명령했다. 당연히 그의 명령은 이행되지 않았고 그의 신하들은 크게 놀랐다.
과학과 자연은 당국의 규정과 명령을 따르지 않는다. 사회에서 적어도 몇 사람들은 독자적인 연구를 통해 자신만의 독립적인 결론에 도달하는 것이 훨씬 나을 것이다.

낭비, 비용 및 기득권

대중 매체에는 핵 폐기물의 위험요소가 매우 크다는 편견이 널리 퍼져 있다. 핵 연료는 완전 연소될 경우 kg당 탄소 연료보다 약 100만 배 더 많은 에너지를 생산한다. 핵연료는 부피가 극히 소량이거니와 그 폐기물도 극히 소량이다. 핵 폐기물은 대부분 고형이며, 완전 연소에 가깝게 재활용될 수 있다. 몇 년 후 완전히 냉각되면, 그 잔여물은 유리나 콘크리트 안에 응고시킬 수 있으며, 잔여물의 과잉 방사능이 사라지기까지 수백년 동안 보존해야 한다. 물론 사회가 충분한 돈을 들여서라도 특별히 정교한 대비책을 마련하고자 한다면, 그 폐기물을 투탕카멘 무덤 식으로, 곧 아주 오랫

a) 핵 폐기물의 방사선 위험 표시 기호　　　b) 개별 인간의 배설물 상징

〈그림 1-8〉 폐기물의 상징 기호
하지만, 년간 인명 피해가 더 많은 대규모 위험과 관련된 폐기물은 어느 것일까?

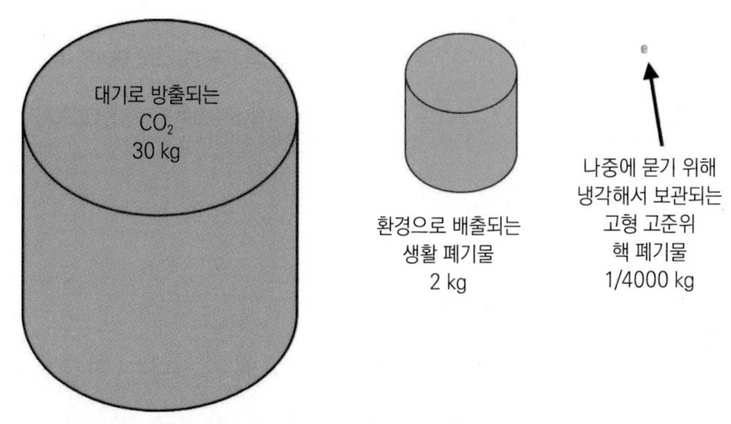

〈그림 1-9〉 영국에서 1인당 하루 배출되는 각 폐기물의 양을 단위 크기가 동일한 용기로 나타낸 그림

동안 깊은 난공불락의 지하 저장고에 곱게 모셔둘 수도 있다. 현재 원자력산업계는 그 폐기물을 처리하는 데 얼마나 많은 대가를 치뤄야 할지, 또 무슨 대책을 세워야 할지 계산하느라 그저 부담만 안고 있을 뿐이다. 그러나 그렇게 되어서는 안 된다.

핵폐기물을 처분하는데 왜 그렇게 많은 돈을 지불해야 하는가? 탄소 연료 에너지 생산의 폐기물이나 개인 폐기물과는 달리, 군사

〈그림 1-10〉 일부 정당들은, 비록 대중과 환경 모두에게 전혀 이익이 되지 못하는데도, 원자력 안전에 대해서 비과학적이고 부풀려진 비용으로 이득을 챙기고 있다.

용이 아닌 핵발전소의 핵 폐기물로 인한 인명 손실은 지금까지 알려진 바가 없다. 인간 폐기물의 방출은 질병의 원인이 되어 매년 백만 명 가까이 사망자가 발생한다. 탄소 연료 사용으로 발생하는 이산화탄소나 기타 오염 물질을 대기 중에 방출하는 것도 매우 해롭다. 원자력발전소 건설에는 꽤 많은 비용이 필요하다. 그런데 그 비용은 어디로 가는가? 그 돈의 대부분은 직접 또는 간접적인 급여로 사용된다. 그러면 원자력발전소를 설계하고, 건설하고, 운영하는 데 왜 그렇게 많은 사람들이 필요하고, 그렇게 긴 시간이 걸릴까? 그것은 안전해야 하기 때문이다! 참으로 원자력발전소는 안전하게 가동되어야 한다. 그러나 체르노빌은 그렇지 않았다. 안전을 위해서 최소한 근로시간의 절반, 곧 근로자의 절반 이상이 초-안전 규정과 관련된 업무에 고용되어, 원전 해체 계획을 세우고, 지나치게 과대평가되어 있는 위험에 대비하여 안전 구역을 들락거리는 근로자들을 검사하고 있다. 소비자와 납세자들은 이러한 막대한 과잉-대비책과 그 내막을 이해하려고 하지 않는다.

〈그림 1-10〉은 그 문제의 일부를 시사하고 있다. 그러나 이 만화에는 불합리한 각종 규제로 신규 원전 건설 비용을 터무니 없이 치솟게 만들어 가격경쟁력이 떨어진 원자력 산업계 현실은 나타나 있지 않다. 규제자들의 속박을 덜 받는 나라(예를 들면, 중국, 러시아) 등은 자신들의 미래를 위해 투자할 수 있다. 그들은 점차 경쟁력을 높이게 될 것이며, 에너지 생산과 원전 건설 시장을 지배하게 될 것이다. 서구 국가의 의사결정자들은 현재 원저력발전소에 대한 과도한 규제가 경제적으로 매우 위험하다는 사실을 인식해야 한다.

앞으로의 과제

냉전 시대에, 사람들은 핵 방사선 위협으로부터 안전을 요구했지만 이들이 받은 대답은 안전 대신 규정이었다. 이 규정은 사이비 과학으로 포장되고 법적 매듭으로 묶여서 전달되었다. 유엔의 여러 위원회로부터 권고를 받고, 전 세계 각국의 법에 명시된 이 규정으로 인하여 신규 원전 건설은 매우 어렵게 되었다. 그래서 각국의 입법자들이 시급히 해야 할 일은 그 구속복에서 원자력 산업을 풀어주는 일이다.

전문가 입장에서 보면, 코페르니쿠스와 갈릴레오가 프톨레마이오스의 주전원(周轉圓], epicycle)을 거부함으로써 행성 운동을 새롭게 이해할 수 있는 길을 열었듯이, LNT(Linear Nonthreshold)라는 이름의 사이비 과학을 거부해야 한다. 다행히 LNT를 반박하는 증거는 태양계 역학보다 이해하기 쉽다. 간단히 말하자면, LNT는 '모든 방사선량은 아무리 적을지라도 해롭고, 그 효과는 누적된다'고 주장한다. 이런 주장의 결과가 '모든 방사선 피폭은 〈합리적으로 달성할 수 있는 한 낮게〉유지해야 한다'고 요구하는 '방사선 안전에 관한 정책'이다. 이것이 실제로 의미하는 것은 그 피폭 수준을 자연적으로 발생하는 수준보다도 훨씬 작은 양으로 제한하는 것이다. 이것은 어떤 위험과 관련해서 정한 것이 아니며, 다만 방사선의 효과를 최소화했다고 말하고 싶은 정치적 희망에서 나온 것이다.

LNT는 방사선량에 따라 세포의 손상이 비례적으로 증가한다고 가정한다. 이것은 방사선의 즉각적인 충격에 대해서는 올바른 설명이다. 그러나 그때의 피폭 선량이 정말 매우 높지 않다면 그 직후 일어나는 생물학적 반응의 효과로 그 손상은 수시간 또는 수일 이내로 회복된다. 결론을 말하자면, 방사선의 효과는 누적되지 않으며, 소량 또는 적절한 수준의 선량은 마치 밝은 햇빛에 적당히 노출된 것과 같이 지속적인 효과가 전혀 없다는 것이다. 그런데 현재의 규정은 이러한 진화된 생물학적 반응의 효과를 부인하는 유엔 방사선영향과학위원회의 권고안을 따르고 있다. 그러나 2004년 프랑스의 과학 아카데미와 국립 의료 아카데미는 비판적인 공동 보고서를 만장일치로 채택하여 생물학적 반응의 효과를 널리 알렸다.

ALARA(As Low as Reasonably Achievable)에 기초한 안전 규정은 목적에 적합하지 않으며, 경제와 환경 그리고 생명과 신체

〈그림 1-11〉 오염된 상층 표토 사진, 자루에 담겨 어딘가로 옮겨질 것을 헛되이 기다리고 있다. [이타테, 일본, 2013년 12월]

에도 위험하다. 예를 들면, 이 규정으로 인하여 환자들은 겁을 먹고 그들의 건강에 도움이 될 방사선치료를 거부할 수 있다. 후쿠시마 지역에서는 일본 부모들이 아이들을 밖에 내보내 신선한 공기 속에서 놀게 하는 것을 막았다. 그곳에서 불필요하게 대피시킨 노인들의 사망률이 증가한 것은 이러한 안전 규정들이 사람들을 어떻게 죽음으로 내몰 수 있는지를 보여준다. 후쿠시마 일대에서 표토를 제거해 불모지가 된 풍경과 군데군데 쌓여있는 표토 더미는 분별없는 두려움이 일으킬 수 있는 파괴의 슬픈 증거다.[그림 1-11]

물론 방사선의 안전은 중요하다. 그러나 새로운 규정은 건강에 해를 끼치는 것으로 확인되는 방사선량률의 문턱값을 기준으로 정해져야 한다. 이미 발생한 사고와 한 세기 동안 경험한 임상의학에서 검증된 자료는 결코 부족하지 않다. 임상의학의 경험은 특히 중요하다. 왜냐하면 그 선량률이 안전기준이라고 하는 양에 비해 높을지라도 일반 대중들이 그러한 치료를 받고 그것이 이롭다는 것을 알고 있기 때문이다.

정당한 방사선 안전 문턱값은 해를 끼치지 않을 만큼 높게 설정하거나 또는 상대적으로 안전할 만큼 높게 설정해야 한다. 28쪽에 원 영역으로 표시한 〈그림 1-2〉를 참조하면서 다음 세가지 기준을 비교해 보면 더 명확해진다.

- ALARA 안전 기준 월간 선량;
- 방사선 진료에서 대중이 경험한 월간 선량;
- 권장 안전 추산 월간 한도;

작은 녹색 원으로 표시된 문턱값은 1934년 국제적으로 설정된 값과 거의 같다. 그 값은 작은 검은 점으로 표시된, 배율을 확대해야 겨우 볼 수 있는, ALARA 수준의 약 1,000배에 달한다. 이것이 바로 현재의 규정이 방사선 위험을 무조건 일반적으로 과장해 온 그 배율이다.

그러나 이런 개념은 더 깊이 상세하게 조사하고 검증해 보아야 마땅할 것이며, 뒤에 자세히 설명할 것이다. 특히 가능한 문턱값과 그것을 뒷받침하는 증거들을 논의할 것이다.

제2장

생존에 도움을 주는 지혜

지식이 없는 사람이라도 어떤 문제에 대한 고정관념이 없다면 그 문제가 아무리 어렵더라도 설명해 줄 수가 있다. 그러나 아무리 지식이 많은 사람이라도 자기 앞에 놓인 문제를 의심할 여지 없이 이미 알고 있다고 확고히 믿는 사람에게는 가장 단순한 문제조차 명확히 설명해 줄 수가 없다.

– 레오 톨스토이

어떤 문제를 이해하지 못하기 때문에 급여를 받는 사람에게 그 문제를 이해시키기란 참으로 어렵다.

– 업톤 싱클레어

문명 문제를 다시 본다

민주주의와 개인의 인식

지구는 과연 100억 가까운 인구를 수용할 수 있을까? 아마도 가능은 할 것이다. 하지만 환경과 과학, 교육, 그리고 인간 행동에 이르기까지 혹독한 조건을 감수해야 할 것이다,

인류가 환경에 미치는 충격은 현재 가장 절박한 문제 가운데 하나다. 지금 당장 질문하지 않으면 안 된다. 우리는 과연 자연을 이해하고 있는가? 자연의 지속가능성을 유지하면서 자연을 이용할 방법은 있는가? 예전에 내린 결정과 태도를 재검토하지 않고 이대로 계속 유지해도 되는가? 기후변화의 원인에 대해서는 의견이 다를 수 있지만, 아무도 부인할 수 없는 몇 가지 사실이 있다.

- 대기는 그 질량이 아주 작으며, 겨우 10m 두께의 물로 지구를 둘러싼 것과 같다.
- 대기 중의 온실가스 농도는 꾸준히 증가하고 있다.
- 기온은 변덕스럽지만 꾸준히 상승하고 있고, 빙상(氷床)은 녹고 있다.
- 사회적으로 안정적이고 성장하는 경제를 위해 필수적인 에너지는 소비가 계속 증가하고 있다.
- 출산율 하락에도 불구하고 늘어난 수명으로 세계 인구는 증가하고 있다.

이같은 상황은 충분히 통제하기에 늦은 감이 있지만, 그러나 상황을 재검토하고 또 심각한 결과를 조금이라도 줄이기 위한 조치를 취하지 못할 만큼 늦은 것은 결코 아니다. 상황의 재검토를 위해서는 우리 무기고 안의 주요 항목에 대한 인식 태도가 그릇되어 있을 가능성을 열어 두어야 한다. — 거기에는 원자력에 대한 역사적 관점과 그로부터 파생된 문제들이 포함되어야 한다. 이 책은 기후 변화에 관한 것이 아니라 그러한 현황을 재검토하려는 것이다.

모든 아이들은 어려서부터 불이 위험하다는 것을 배운다. 만약 그것을 제대로 배우지 못한다면 불의 위험성을 직접 체험으로 배워야 할 것이다.

마찬가지로, 아이들은 배설물을 안전하게 처리하는 법을 배운다. 변기사용 훈련은 필수 교육 목록 중에 최우선에 속한다. 이러한 교육은 인간 사회에서 마음대로 선택할 수 있는 사항은 아니지만, 아무튼 어린이들은 쉽게 배운다. 그런데 나이가 들어 갈수록 아이들은 받아들이는 정보에 대해 더욱 선별적인 태도를 갖게 된다. 그 선택 여부는 예전에 이미 배워서 습득한 지식과 그리고 새롭게 알게 된 증거에 따라 달라진다.

그런데 새로운 증거는 예전에 이해한 정보와 상충될 수도 있고 즉각 묵살될 수도 있다. 이것이 쉬운 길일 것이다. 그렇지 않으면 그 상충되는 모순을 검토해야 한다. 이것은 끊임없는 자기 교육 과정 중의 하나다.

여러 의견들을 재검토하는 태도는 효율적인 민주주의를 위해 필수적이다. 정보의 변화에 따라 유연한 관점을 가질 수 있기 때문이다. 그러나 그러한 견해의 재검토가 가능하기 위해서는 사람들에게 정확한 정보가 제공되어야 하고, 그들이 자기 마음을 스스로 결정할 수 있어야 하며, 또 증거가 나타날 때 자신의 의견을 바꿀 자세가 되어 있는 충분한 수의 유권자가 필요하다. 그러나 어떤 견해가 오랫동안 지속되면서 무비판적으로 반복될 경우 민주주의는 바뀔 수 없을 것이다. 도리어, 민주주의는 잘못된 결정으로 이어지는 반영구적인 착오 속에 갇히게 될 것이다. 안정이란 제대로 된 정보가 받아들여지고 사람들이 새롭게 배울 준비가 되어 있을 때 비로소 확립된다. 하지만 이것은 이 장의 서두에 언급한 톨스토이 이야기처럼, 높은 교육적인 도전을 제기한다.

이 책의 목적은 먼저 왜 그렇게 많은 사람들이 핵 과학에 혐오감을 갖고 있는지 솔직하게 묻고, 오늘날 알려진 대로 그 이익과 위험의 균형을 설명하려는 것이다. 석탄, 석유, 가스, 생물 자원 연료의 연소가 환경에 끼친 피해가 분명하므로, 핵 에너지를 집안에서 사용하는 불과 비교하여 설명하면 그 관련성이 잘 이해될 것이다.

사람들은 대부분 자신의 견해와 상충되는 증거에 직면했을 때조차도 자신의 견해를 바꾸기 꺼려한다. 특히 현상 유지를 통해 그 경력과 지위가 보장되는 직업을 가진 – 곧, 지역 안전 담당 공무원부터 국제 변호사에 이르기까지 – 전체 업계의 전문가들이 주저할 경우, 과학적 증거도 마찬가지로 쉽게 거부된다. 이 장의 서두에 인용한 업톤 싱클레어의 말이 핵심을 짚고 있다,

불행하게도, 이들은 언론과 정치인들이 조언과 정보가 필요할 때 자문하고 싶어하는 바로 그 당국자들이다. 문제를 충분히 이해하고 있다고 똑바로 서서 말할 준비가 된 사람들이 적기 때문에 이들의 의견은 표준이 된다. 이런 식으로 책임감이 약한 소포전달식 떠넘기기 문화는 소송에 대한 두려움으로 고착되어 개인적 판단을 단념시키고, 변화를 추천할 가능성이 거의 없는 전문 당국자들의 손에 결정을 맡기도록 만든다. 우리는 앞으로 그러한 이해관계의 뒤로 돌아가서 그동안 명백하게 해결되었다고 주장된 사실들의 증거를 살펴볼 것이다.

충격적 변화에 대한 두려움

만약 견해를 바꾸기로 결심한 경우 약간의 충격을 받을 수도 있다. 그 충격은 결심을 미룸으로써 피할 수도 있는 일종의 어색함 같은 것이다. 무척 더운 날 수영장 주변에 여러 사람이 모여 누군가가 먼저 수영장 물에 발가락을 담가 보고 물에 들어가도 괜찮을 만큼 따뜻하다고 이야기해 주길 초조하게 기다리는 모습을 상상해 보자. 무더운 날씨에 수영장 물속으로 뛰어든다면 무척 시원하겠지만, 차가운 물이 주는 순간의 충격으로 다른 사람들 앞에서 품위 없게 보일까 봐 그 누구도 뛰어들지 않는다. 수영장 주변의 모든 사람들은 땀을 뻘뻘 흘리면서도 시원한 물이 주는 상쾌함을 애써 부정한다. 하지만 그들은 변화에 텀벙 뛰어드는 모험을 무릅쓰지 않음으로써 스스로 우유부단함의 포로로 갇혀 있을 뿐이다.

견해를 바꾸기로 제일 먼저 발표할 수 있는 사람이 되기 위해서는 지도력이 필요할 수 있다. 예전에 핵 기술에 반대하는 활동에 참여했던 그린피스 운동의 지도자들을 포함한 많은 사람들이, 특히 마크 리나스, 패트릭 무어, 스티픈 틴데일, 제임스 러브록, 스튜워트 브랜드 등은 실제로 원자력에 대한 자신들의 견해를 바꾸었다. 이들은 매우 예외적인 경우다. 그렇다면, 더 나아가 다른 사람들에게 그 견해를 바꾸도록 어떻게 설득할 수 있을까? 그들 중의 대다수는 여전히 핵 기술에 대해 깊이 우려하고 있다. 제2차 세계 대전 이후 일반적인 통념이 어떻게 발전했는지 설명하기 위한 증거도 필요하고, 또 관련된 과학 및 의학 분야의 설명도 필요하다.

우화와 과학에서 배우다

개인적 및 대중적 견해

우리가 살고 있는 이 세계에 대해 각자 개인적으로 알고 있는 것은 자신의 축적된 경험과 관찰을 바탕으로 형성된 것이며 스스로 학습을 통해 생각하고 연구함으로써 확장된 것이다. 이러한 인식들이 모아져 우리 개인적 견해의 근간을 형성한다. 즉, 우리가 비교적 쉽게 확인하고 입증할 수 있다는 것을 의미한다. 이상적으로는 이것이 우리가 인정하는 모든 것의 기초가 되겠지만 현실 세계에서는 삶에서 마주치는 의문이나 문제들을 이해하기 위해 다른 사람들의 의견을 들을 필요도 있다. 다른 사람의 조언을 구할 때 우리는 개인적 지식이 있는 사람을 선택하려고 한다. 그런 사람을 찾지 못할 경우 다수 견해를 따르게 될 것이다. 그러나 다른 사람들도 모두 똑같은 처지라면 이것은 잘못된 선택이 될 수 있다. 누구나 다 다른 사람들이 믿고 있는 것을 알 수는 있겠지만 그 정보로 통하는 것이 근거가 없어서 불안정한 여론을 낳고 공황상태를 초래할 가능성도 있다. 이를 피하기 위해서는 사실 적어도 몇몇 사람은 문제를 독립적으로 이해하고 있어야 한다. 이 방법을 전문가들이나 고위 성직자들을 위한 비법으로 간주해서는 안 된다. 오히려 우리는 교육을 통해 새롭고 젊은 사람들에게 그러한 전문 지식이 널리 알려져서 그들의 편견 없는 연구를 통해 어떤 사상을 수용하거나 거부할 수 있도록 요청해야 한다.

전통적으로 아이들은 눈과 귀를 열어 두고 명백한 진실을 받아들이도록 격려하는 동화를 읽으며 자란다. 예를 들면, 아이들은 노인들이 젊은 시절의 외모를 잃는다고 배운다. 그러나 '겉보기에 할머니로 보이는 저 사람이 실제로는 사악한 늑대가 아닐까?'와 같은 상상력이 제기하는 질문에 잘 대처할 줄도 알아야 한다.

이 책은 언론의 조장 아래 대중의 상상력이 그렇게 추측하고 있듯이, 원자력도 마찬가지로 사악한 늑대인지 묻는다. 우리는 그 증거를 조사해야 한다. 이 이야기는 어둡고 비밀스러운 적군의 연구실이나 무서운 땅끝 숲속이 아니라 거대한 자연 우주에서 벌어지는 이야기다. 기본적으로 우리는 이 우주에 적응하도록 진화해 온 생명체이기 때문에 이 우주는 우리에게 지극히 자비로운 곳이다. 다윈에 따르면 쉽게 적응하지 못한 생명체는 이미 멸종했다고 한다. 그러나 그 멸종 이야기는 지금도 계속되고 있다. 즉, 만약 우리가 환경에 적응하지 못하고 또 그 환경을 돌보지 않는다면 우리도 역시 멸종될 수 있다.

지구가 시작되기 전에 존재했던 과학

인간이 있기 전, 지구가 생기기 전, 지구를 구성하는 물질이 생기기도 전에, 방사선은 우주에서 모든 것을 완전히 지배했다. 138억년 전에 발생한 빅뱅의 생성물로 우주가 채워졌고 우주가 냉각됨에 따라 방사능이 진정되고 물질 덩어리들은 별들의 집단인 은하로 나타나게 되었다. 수소를 제외하면 이 물질들은 초기에 폭발한 별들의 무질서한 결합 후에 남겨진 핵 폐기물로 구성된 것이며,

오늘날 우리 주변에서 볼 수 있는 모든 화학 원소도 이로부터 생성된 것이다. 약 45억 년 전에 지구가 형성되고, 그 후 오래지 않아 생명의 느린 발달이 시작되었다. 훨씬 후에, 겨우 수백만 년 전에, 인간이 나타났다. 그리고 나서 몇 백 년 전에 인간은 스스로 과학의 힘을 이용할 수 있는 방법을 터득하기 시작했으며, 방사능을 다루고 핵 물질로부터 에너지를 생산하는 데 이르러 그 능력을 절정으로 끌어올렸다.

많은 사람들은 핵 에너지와 방사선을 인간이 만들어낸 것처럼 이야기하기도 하고, 또 그걸 사용하기로 한 결정과 그 강력한 영향력을 에덴 동산의 금지된 열매를 먹기로 결정한 아담과 이브에 비교하기도 한다. 하지만 인간은 방사능이나 핵 에너지를 만들어내지 않았다. 오히려 아주 오래 전에 인간을 창조하기 위해 필요했던 것은 자연계의 핵 방사능이었다. 실로 후쿠시마 다이이치의 슬픈 이야기에 이를 수밖에 없었던 것은 그렇게 많은 사람들이 이 지식의 열매를 먹지 못했기 때문이다. 그 사건은 무지가 낳은 비극이며, 셰익스피어가 자랑스러워 할 만한 오해와 터무니없는 불신으로 인해 걸려든 거미줄이다. 이 이야기는 긍정적이고 적절한 과학적 관점에서 다시 거론할 가치가 있다.

불을 집에 들이다

에너지에 관한 결정은 사람들의 삶에 영향을 미치며, 대부분 확고한 견해를 가지고 있다. 그러나 그 견해가 전통적인 연료에 관한 것이든 아니면 핵 연료에 관한 것이든, 모든 주장은 증거로 뒷받침되어야 하며, 앞으로 나아갈 올바른 길이 깊이 논의되어야 한다. 이른 시기의 인류가 오늘날 핵 에너지를 채택하고 탄소 연료의 연소를 단계적으로 감축하려는 결정 못지 않게 중요한 문제에 직면했을 때 어떤 태도를 보였는지 상상해 볼 수 있다.

아마도 수십만 년 전 당시의 다소 보수적인 환경론자들은 급진적 혁신가들이 난로를 제작하고 불을 집안에 들인 것에 대해 경악했을 것이다. 불을 함부로 다루면 위험하다는 사실을 누구나 알고 있었기 때문에 틀림없이 대부분 놀랐을 텐데 그것도 집 안에서 그렇게 하기로 했으니 무책임해 보였을 것이다. 불은 쉽게 붙고 쉽게 번질 수 있기 때문에 수많은 치명적인 사고의 원인이었다. 화재는 끄기 어려운 열적 연쇄반응이다. 오늘날에도 예방 규정과 지침 및 상시적 비상 서비스가 준비되어 있음에도 불구하고, 불은 매년 사망자 수가 상당히 많이 발생하는 위협으로 남아 있다. 동물들은 불을 보거나 감지했을 때 도망쳐야 한다는 사실을 본능적으로 알고 있으며 집단적으로 공황상태에 빠지곤 한다.

보통은 인간도 당황하기는 마찬가지이지만, 그러나 인류는 언제인지 아무도 전혀 모르는 이른 석기시대 어느 순간에 문명의 중대한 진전을 이뤄냈다. 즉, 불에 대한 자연적 두려움을 떨치고 멈춰서서 머리를 이용해 문제를 연구했다. 아이들을 포함한 모든 사람들에게 개별적인 교육과 훈련이 주어진다면, 불의 이점은 그 위험을 능가할 수 있다는 것을 깨달았다. 이것은 인간이 만물의 영장이 되는 전환점이었다. 불이 없었다면 문명은 발달하지 못했을 것이며,

〈그림 1-3〉에 그려진 그 시대 환경론자들의 조언에 귀를 기울였더라면 우리는 아마도 지금까지 제한된 인구와 짧은 수명에 미개한 삶을 사는 동물로 남아 있을 것이다.

물론 처음에는 이런 열정을 가진 사람이 거의 없었을 것이다. 상상컨대, 이 새로운 기술을 거부하는 불-반대 단체 회원들의 다소 시끄러운 시위가 벌어졌을 것이다. 그들은 불이 위험하다는 사실은 누구나 알고 있고, 또 이를 뒷받침하는 죽음과 파괴에 관한 사례가 무수히 많다고 주장했을 것이다. 그러나 종국에는 그들의 주장은 기각되었고, 따뜻한 음식과 쾌적한 숙소의 유혹이 승리하게 되었다. 아마도 이런 일은 일어나지 않았겠지만 그 반대자들은 허약해진 건강과 불충분한 식사로 힘들고, 추위와 배고픔으로 죽을 지경인지라 새로운 기술을 받아들인 사람들과는 경쟁조차 할 수 없었을지 모른다. 어쨌든 오늘날까지 모든 세대의 아이들은 뜨거운 난로와 몇번의 잊지못할 일을 경험하면서 불을 소중히 그리고 조심스럽게 다루는 법을 배워야 한다.

사실 그 당시의 진보는 단순히 집안에 불을 들인 것으로 멈추지 않았으며, 불을 비롯한 환경 안에 존재하는 다른 에너지 자원의 사용법을 연구하고 제어하는데 확신을 가지고 생각하고 행동하는 힘으로 확대되었다. 인간은 머리를 쓰고 더 많이 배울수록 자신의 과학적 연구에 더욱 확신을 갖게 되었으며, 이와 함께 사회적 협력과 신뢰가 크게 성장하였다. 그러나 그러한 신뢰는 취약하기 때문에 쉽게 사라지거나 무너지기도 한다.

이러한 학습 과정은 반복되어 왔으며 지난 세기에는 불을 자유롭게 사용하기로 한 결정을 재검토할 필요가 있음을 암시하는 두 가지 중요한 발견이 있었다.

첫째, 불은 지금까지 이해했던 것보다 훨씬 더 위험한 효과, 즉, 지구 환경에 대한 배기가스 효과를 가지고 있다는 점이다.

둘째, 불이 지니는 단점이 없고, 또 불처럼 확산 증폭되는 경향도 없으며 환경에 대한 충격도 없이 불을 대체할 수 있는 다른 에너지원이 있다는 것이다. 게다가 이 에너지원은 탄소-기반 연소 에너지보다 백만 배 이상 높은 에너지 밀도를 가지고 있다.

이 대체 에너지원이 바로 핵 에너지이다. 일반 대중에게는 제2차 세계 대전이 끝날 무렵 히로시마와 나가사키의 폭격과 함께 갑작스런 공포의 충격으로 처음 알려졌다. 이 부정적인 경험은 냉전 기간 정치군사적 선동에 의해 더욱 강화되었다.

그럼에도 불구하고 일반 대중은 한 세기가 넘게 핵 기술의 혜택을 받아 왔다. 처음에 그것은 임상 의료 분야에서 인간의 신체와 그 기능에 대한 해부학적 영상을 촬영하는데 사용되었으며, 이어서 질병을 진단하고 외과적 수술 없이 암을 치료하는 데 사용되었다.

오늘날 문제가 되는 것은 대중들에게 그 위험성을 믿으라고 강요할 만큼 핵 기술이 과연 위험한 것인가 하는 점이다. 불은 그 명백한 위험에도 불구하고 기꺼이 받아들여졌다. 핵 에너지는 거부되어야 하는가? 아니면 위기에 처한 기후를 구하기 위해 내키지 않는 최소한의 선택으로 받아들여야 하는가? 이것도 아니라면, 핵 에너지는 불보다 안전하고 아주 예외적인 상황에서 위험할 뿐이므로 기꺼이 받아들여야 하는가?

핵 기술을 사용해야 할지 말지는 새로운 프로메테우스적 질문이다. 그것은 불을 집안으로 끌어들인 것만큼이나 중요한 결정이다.

핵 안전을 잘못 판단하다

후쿠시마 다이이치의 소식

후쿠시마에서 발생한 사고는 오히려 명쾌하게 답을 보여준다: 즉, 원자력은 사용하기에 안전하다. 그러나 이 사실은 제대로 평가받지 못했다.

더우기 사고와 관련된 대중 교육이나 훈련도 제공되지 않았으며, 국가나 국제기관이 제시한 지침도 심각하게 잘못된 과학에 근거한 것이었다. 그 결과 핵 에너지와 그 안전을 위한 비용도 완전히 잘못 설명되고 있었다.

다음 장에서 원자력이 안전하다는 것을 논의하고 그 증거를 제시할 것이다. 이 증거를 기초로 유엔 산하 당국자들은 자신들의 조언을 재검토하여 더 많은 대중들이 스스로 결정할 수 있도록 해야 한다. 적어도 민주주의 국가에서, 지역적으로나 세계적으로, 정치인들은 방사능 공포를 진정시키려고 하면서 계속해서 경제적 손실과 환경피해를 초래하는 결정을 할 것 같다. 그러나 일단 대중 여론이 더 올바른 정보를 근거로 형성되면, 공공의 선을 추구하는 곳에 표가 있다는 사실을 알게 될 것이다.

언론은 2011년 3월의 사고를 새로운 시대의 시작으로 해석했다. 인공 핵 시대가 시작된 이후 처음으로 언론은 24시간 뉴스를 내보낼 준비가 된 카메라를 가지고 핵 사고 현장에 등장하였다. 그들은 화학 폭발 현장을 포착했고, 방사성 폐기물질을 옮길 수 있는 가스와 물 누출의 심각성을 예견하였다. 쓰나미로 인한 1만 8,800명 이상의 사상자에 대해서는 조금도 언급하지 않았고, 언론의 관심을 오로지 대형 사건에 집중시키고자 했다, 그들은 그것이 바로 핵 발전소 사고라고 믿었다.

몇 주 동안, 그 후에도 몇 달, 몇 년 동안 매일같이 그들은 방사선 누출과 방사선 선량이 높다는 소문을 보도했다. 그러나 아무 일도 일어나지 않았다. 방사선이나 방사능으로 다친 사람은 아무도 없었다. 예상했던 대본이 실현되지 않는 것을 받아들이지도 못하고 이해할 수도 없게 되자, 기자들과 통신원들은 높은 방사선 수치와 누출되고 있는 방사능에 대한 이야기만 계속 되풀이해서 보도하였다. 그들은 이 사실이 왜 중요한지 도무지 보여줄 수 없었으며, 단지 그들의 뉴스를 접해 본 전세계 사람들을 놀라게 했을 뿐이었다.

예전에 언론이 처음으로 사건 현장에서 보도한 때는 그 파장이 매우 광범위했다. 예를 들면, 베트남 전쟁에 대해 그 극적인 사진들과 사실적인 기사가 함께 공개된 보도는 그 자체가 정말 충격이었으며, 미국과 그 외 많은 지역의 가정에서 여론을 반전 분위기로 돌리는데 크게 기여했다. 그러나 후쿠시마 이전에는 언론 기사에 핵관련 뉴스가 그처럼 대대적으로 떠오른 적이 없었다. 히로시마와 나가사키 폭격 이래 65년동안 그 때만큼 생생한 핵 관련 사진을 얻고자 하는 언론의 열정이 충족된 적은 없었다.

1957년 영국 윈드스케일 원전 화재사고는 후쿠시마보다 규모가 훨씬 작았으며 당시에는 공개적으로 보도되지 않았다. 미국 드리마일 섬의 사고는 원자력발전소 자체가 봉쇄되어 사진도 없었고 사상자도 발생하지 않았다. 체르노빌 사고는 소비에트의 장막에 가려 접근할 수 없었다. – 그 직후 바로 소비에트가 무너지긴 했지만. 그렇기에 후쿠시마에서 처음 며칠동안 언론은 수십년의 기다림 끝에 처음으로 최고의 핵발전소 사건 보도에 몰두할 수 있는 절호의 기회라고 느꼈을 것이다.

그러나 보도 자체로 유지되는 공포와는 별개로, 이 사건은 사실상 그런 사건은 아니었다. 준비된 대본이 부족하자 언론은 기사거리를 주변에서 그러모으기 시작했다. 대중 매체는 대중들에게 운영회사인 도쿄 전력회사와 일본 정부에 대해 거짓말과 은폐 및 부실 경영의 책임을 물어야 한다고 촉구했다. 그러나 언론은 부상과 사망에 대해서는 그것이 전혀 발생하지 않았기 때문에 정부와 회사를 탓할 수 없었다. 실제로 무슨 일이 일어났으며, 아니 오히려 일어나지 말았어야 할 일이 무엇인지 알아차리는 사람은 거의 없는 것 같았다. 초기 집단 공황상태가 전 지구적 무지의 분위기 속에서 걷잡을 수 없이 전파되었다. 정치인들은 근본적인 재검토도 없이 즉각적인 국가 정책 반응을 끌어냈다. 이는 공식 국제 보고서에도 반영되었다. 하지만 이러한 사실이 드러나는 데는 수개월, 심지어 수년이 걸렸다. 그러나 그 당시 다음과 같은 중대한 질문을 감히 제기한 사람이 있었는가? "방사능과 그 방사선으로 인해 위험에 처한 사람이 누가 있는가?"

어이없게도 일본의 모든 원자력 발전소는 폐쇄되고 대기상태로 전환되었다. 이로 인해 전력 부족이 초래되었고, 대체용 화석 연료를 수입하여 연소시켰기 때문에 막대한 경제적 환경적 비용이 발생했다. 10만 명 이상의 사람들을 그 지역에서 대피시켰고, 더 많은 사람들이 자발적으로 그곳을 떠났다. 식량은 규정에 따라 불량품으로 판정되었고 시장에서 거부되었다. 이런 일이 상대적으로 가난한 농업 지역에서 일어났다. 아이들에게는 야외 놀이가 금지되었고, 노인들은 보호 시설에서 옮겨져 종종 치명적인 결과가 발생했다. 주민들은 야뇨증, 자살, 가정 파탄, 알코올 중독 등 극심한 사회적 스트레스의 모든 증상을 나타냈다. 주민들에게는 무슨 일이 일어나고 있는지 어떤 설명도 해주지 않았다. 지역 토론은 책임 소재와 보상에 대한 논쟁으로 변질되었다. 당연하지만, 그 지역을 떠난 사람들은 그나마 여유있는 사람들이었고, 고령자와 사회적, 경제적 약자들만이 남게 되었다. 모두 떠난 지역의 벌판에서 심각하게 오염되었다는 이유로 막대한 비용을 들여 표토를 제거하는 작업이 시작되었다. 그러나 이 정책은 철저히 검토되지 않은 매우 섣부른 결정에 따른 것이었다.

- 표토 제거는 그 땅의 방사능을 기껏해야 50% 줄이는 것으로 밝혀졌다.
- 표토가 없는 토양은 비옥함을 거의 잃게 된다.

• 그 벌판 위의 숲과 가파른 암벽 지역은 매우 넓은 구역이지만 작업에 포함되지 않았다.

이 값비싼 작업이 얼마나 의미가 있는지는 알 수 없다. 제3장의 〈그림 3-1〉이 보여주는 것처럼 이 지역의 방사능은 결코 위험한 수준은 아니었다. 그래서 방사능을 50% 줄이는 것은 비용대비 효과면에서 아무런 의미가 없다. 지역 주민들에게 방사선을 가르치고 그들이 진실로 걱정하지 않아도 되는 이유를 교육하는 것이, 분명히 시간은 더 오래 걸리겠지만, 훨씬 더 나은 투자일 것이다. 그러나 우선 당장은 그들에게 오늘날 체르노빌에서 번성하고 있는 야생동물의 모습을 담은 다큐멘터리를 보여 주면서 약간의 희망과 용기를 줄 수도 있었을 것이다.

세계적으로 많은 나라에서도 공황상태에 빠졌다. 일부 나라는 도쿄에서, 심지어는 일본 전국에서 자국민들을 철수시켰으며, 자국의 원자력 발전소를 폐쇄하고 재생에너지에 의존하는 계획을 도입했다. 그 결과 실제로 해당 국가의 탄소 소비량은 증대하였다. 권위있는 국제기구들이 회의를 열고 핵 안전 증진을 위한 대중적 요구에 부응했다. 의무 기준이 제정되었고, 많은 사람들이 원자력 안전 분야의 새로운 일자리를 차지했다. 결과적으로 원자력발전소의 상장된 자본 비용과 거기서 생산되는 전기 비용이 올랐다. 이러한 자금과 일자리는 야단법석 끝에 이용할 수 있게 되었지만 실제로 무슨 일이 일어났는지, 그리고 그 사건에 그렇게 대응해야 했는지 분석하는 사람은 거의 없었다.

다음 장들에서 사고에 대한 이러한 대응의 배후에 있는 범세계적 오해를 70년 전으로 거슬러 올라가 그 뿌리까지 탐구하고, 왜 그런 일이 발생했는지 그리고 현재 시점에서 무슨 일을 해야 하는지 살펴보고자 한다. 과학 정책의 실수는 예전에도 존재했다. 그러나 이번의 실수는 세계 경제 뿐만 아니라 모든 사람의 이익을 위해 지구 환경을 안정시킬 수 있는 최선의 선택을 위협하기 때문에 그 중요성이 훨씬 막중하다.

증거와 기대의 일치

후쿠시마 다이이치에서 일어난 일은 예상된 것은 아니었다. 끔찍한 비극을 예상했지만 증거는 그 예상과 일치하지 않아 보였다, 여기에는 두 가지 가능성밖에 없다: 그 정도의 방사선이라면 주민들에게에 물리적 해를 끼칠 것이라고 예상한 것이 단순히 잘못 됐거나, 또는 방사선의 영향은 그 결과들이 지금까지 시사한 것보다 훨씬 더 나쁜 것으로 최종 판명될 것이라는 점이다. 그 가능성들을 지금 살펴보도록 하자.

상식에 부합하는 경험으로 보면, 사전에 예상된 일은 실제 일어난 일과 일치해야 한다. 그래야 우리에게 확신이 생긴다. 그렇지 않으면, 우리는 뭔가 잘못되었다는 것을 인정해야 하며, 무엇이 잘못되었는지 이해하기 위해 처음부터 다시 시작해야 한다. 그것이 과학적인 방법이다. 우리는 이 시점에서 수학을 활용하여 확신감을 승률로 표현함으로써 새로운 정보에 비추어 기대값이 어떻게 변해야 하는지 알아낼 수 있다. 다행히도 그 결론을 명백히 이해할 수 있기 때문에 보통 그렇게까지 하지 않아도 된다. 특히 새로운 정보가 사전에 예상한 것과 완전히 다를 경우, 뻔한 불일치를 숨기기 위해 수학을 사용해서는 안 될 것이다.

따라서 우리의 예측을 검토할 필요가 있다. 만약 무언가가 분명하게 상충된다면, 어떤 정교한 통계 분석이나 저명한 위원회의 발표일지라도 우리는 검증의 확대경을 들이대야 할 것이다.

유사한 상황은 한스 크리스찬 안데르센의 '벌거벗은 임금님' 이야기에서 볼 수 있다. 만약 임금님이 아무런 옷도 입고 있지 않다면, 그가 공식적으로 임명한 재단사의 말에 아무런 무게도 실리지 못할 것이고, 그것을 확인하는데 상식만 있으면 충분하다. 후쿠시마 사람들이 겪은 방사선 위험은 임금님의 옷과 같다. 사실 방사능은 거기에 없었다! 이 상황을 재검토하여 해명해야 한다.

사이비 과학과 희망적 사고

세계 최악의 핵발전소 사고인 체르노빌 사고를 조사해 보면, 후쿠시마에서 차후에 암이나 다른 사망의 발생이 예상되지 않는다는 것을 분명히 알 수 있다. 핵재난에 대한 이제까지의 예측은 분명히 틀렸다. 이 오류가 어디서 기인하는지 조사할 필요가 있다. 이 이야기는 소위 '문턱값 없는 선형가설(LNT)'이라고 하는 사이비 과학의 탄생까지 수십 년을 거슬러 올라간다. 그것은 관찰에 근거하지 않고, 그들 자신의 용어로는 대단히 실제적이라고 하지만 과학적이지 못한 관념과 공포 및 인간 감정의 역사에 기초하고 있기 때문에 사이비 과학이라고 표현한다. LNT는 연금술이나 점성술 같은 당대에는 굉장한 흥미를 끌었지만 결국 상반된 증거에 의해 무너진 다른 사이비 과학과 유사하다. 사이비 과학들은 그 잘못된 근거에도 불구하고 어떻게 받아들여지게 되는가? LNT는 어떻게 당국자들에게 받아들여졌을까?

잘못된 방향으로 나아가는 것을 피하려면 과학은 세부 사항에 관심과 주의를 기울여야 한다. 네비게이션은 실용적인 예를 보여준다. 지도 상의 일정한 항로를 따라 A에서 B까지 항해하는 보트는 그 항로가 몇 백 마일 미만일 경우 쉽게 도착할 수 있을 것이다. 이것은 지구를 평평한 평면으로 가정한 경우와 전혀 차이가 없기 때문에 이른바 평면 항법이라고 한다. 그러나 항로가 더 길어질 경우 지구의 곡률로 인해 평면 항법은 정확한 항로를 제공하지 못한다. 이를 위해 보트는 나침반의 위치와 비교하여 천천히 진로를 조정해야 한다. 과학자가 아닌 사람에게는 분명하지 않을 수도 있지만, 실수를 방지하기 위해서는 문제를 정확하게 이해하는 것이 얼마나 필요한지 이 사례는 잘 보여준다. 마찬가지로 방사선의 안전에 관하여 잘못 이해하고 있음을 발견했다면 더 깊이 연구하고 더 나은 결정을 내릴 수 있어야 한다.

천문학은 오늘날도 그렇지만 고대 사람들에게 깊은 인상을 주었다. 고대 천문학은 규칙성에서 벗어난 사건을 기술하는 데서부터 시작되었다. 즉, 별과 태양과 달의 움직임, 이들의 조수 및 계절에 대한 연관성, 좀더 정확한 항해를 위한 천문학적 측정, 그리고 마지막으로 일식의 예측 등이다. 고대 세계의 통치자들은 천문학자를 당연히 경외했다. 의심할 여지 없이 통치자들은 이런 능력을 가진 사제를 신임했고 그의 조언을 물었을 것이다. 천문학자는 자기가 잘 알고 있는 문제 뿐만 아니라 전혀 모르는 다른 문제까지 답하도록 요청받았을 것이다. 그러나 연구시설과 상당한 보조금을 제공하겠다는 제안을 천문학자가 거절할 수 있었을까?

아마도 그 천문학자는 왕이 아들을 낳을 수 있을지 그저 추측만 하면 되었을 것이다. 그가 부지불식간에 제안된 연구 보조금을 수락하고 자신의 천문학적 능력을 사용하여 남아 상속인의 출생 가능성을 연구하는데 동의했다 해도 전혀 놀랄 일은 아니다. 만약 그의 예측이 틀리면 결과가 치명적일지도 모르지만, 그는 '보조금과 학생들을 생각해 봐라' 하고 중얼거릴 것이다. 점성술이라는 사이비 과학은 이렇게 탄생됐다.

고대에 날씨를 예측하는 것은, 오늘날도 여전히 그렇듯이, 매우 어려운 일이었다. 그 당시 고대인의 삶은 날씨를 고려해서 무엇을 재배할 수 있을지, 또 나무와 돌과 금속 도구로 무엇을 만들 수 있는지에 달려 있었다. 금속 가공술은 초기 문명의 경제적 경쟁력에 결정적인 기여를 했으며, 암석을 가열하고 처리해 금속을 추출하는 지질학자나 화학자들의 능력은 대다수의 사람들에게는 그저 마법이었다. 이 학자들이 원료 광물에서 비(卑)금속을 생산하는 법을 습득하는 동안 누구나 마법을 펼쳐 귀(貴)금속인 은과 금을 만드는 꿈을 꿨다. 비금속을 금으로 변환하겠다고 떠벌이고 다니는 어리석은 허풍선이나 바보들에게는 넉넉한 연구비가 늘 제공되었다. 연금술같은 사이비 과학은 탐욕과 야망으로 추동되었지만 진정한 과학에 의해 좌절되었다. 그러나 사람들이 탐닉하는 것을 막지는 못했다. 오늘날 전해오는 많은 전설은 이런 식으로 부정한 수단을 통해 부를 쫓았던 사람들의 운명을 이야기해 준다. 연금술의 신뢰도는 사람들이 잘 속아넘어가고 무지한 데서 생겨나지만, 점성술과 마찬가지로 거기에 기대는 것이 잘못되었다는 것은 교육을 통해 폭로된다.

그렇다면 현재의 LNT는, 중세가 아닌 20세기 중반부터 내려온 것인데, 또 다른 사이비 과학의 예가 되는가? LNT는 방사선에 대한 두려움 또는 방사선공포증을 정당화하는 것처럼 보인다. 이 두려움은 진실일 수도 있지만, 그렇다고 해서 저·중준위 노출에도 방사선이 실제로 위험하다는 것을 뜻하지는 않는다. 또한 이 두려움을 법적 금지 조항에 대한 충분한 근거로 간주해서도 안 된다. 어두운 곳이나 또는 (저자처럼) 높은 곳을 두려워하는 사람들은 정말로 겁을 먹을 수 있지만, 그러한 공포증은 과학을 바탕으로 성립된 것이 아니다. 개인에 따라서는 아무리 견딜 수 없어 보일지라도, 그러한 주관적인 공포증을 다른 사람에게 주입하는 것은 위험하고 무책임하다. 아무에게나 어두운 곳에 가지 말라고 하거나, 사다리에 오르지 말라고 금지하는 것은 그것을 정당화할 수 있는 확실한 통계적 자료가 없으면 분명 잘못일 것이다. 어떤 것이든 그러한 제한은 생산성과 경쟁력을 떨어뜨릴 것이다. 좀 더 일반적으로 말하자면, 다른 동물에 비해 우리 인간이 실제로 우월한 것은 어떤 명백한 위험에 객관적으로 직면할 수 있는 능력이 있기 때문이다.

핵 에너지에 대한 두려움

시대 정신을 재고하다.

시대마다 나름의 문화적 정신 또는 시대 정신이 존재한다. 어떤 것은 유익한 반면 어떤 것은 해롭다. 종교적 정신은 한 지역에서, 때로는 수세기 동안 영향력을 유지하기도 한다. 세속적인 정신도 한 지역을 풍미할 수 있지만 좀처럼 그리 오래 가지 않는다. 지지자들에게는 그 사상이 자명해 보이겠지만, 그 사상에 부족한 점이 밝혀지고 나면 그 사상이 제공한 그릇된 확신은 내부적으로 무너진다.

현대에는 교육의 전반적 발전으로 거짓되거나 해로운 풍습들이 대부분 방지되거나 억제되고 있다. 장기간 지속된 풍조 중에 방사선 공포증만큼 강력하게 광범위한 부정적 영향력을 행사한 것은 거의 없었다. 이 공포증은 핵과 방사선이라는 단어가 불러 일으키는 문제에 대한 반작용이다. 1945년 핵폭탄 소식이 알려지자 모든 사람들이 지금도 여전히 인정하는 핵 공포에 대한 탄원서 같은 장황한 규정들이 만들어졌다. 그러나 21세기에 환경에 대한 탄소 연료의 충격으로 인해, 핵 기술에 대한 대중의 공포증을 떨쳐버려야 할 필요성이 새롭게 생겨났다. 방사선 공포증을 강조하기 위해 사용된 잘못된 과학을 대체하기 위해서는 방사선에 대한 간단하고 투명한 인식이 필요하다.

30억년 전 지구상에 생명체가 탄생한 시초부터 에너지 획득과 소비는 생명체 유지의 기본 매카니즘이다. 인류는 에너지 획득을 가속적으로 확대해 왔고 그 덕분에 현대에 이르러 거대 인구가 개선된 조건에서 살 수 있게 되었다. 최근 몇 세기 전까지 변화는 '자연 선택'을 통해 좌우되었고, 그 '자연 선택'이란 '죽음'을 부드럽게 표현한 말이지만, 자주 대규모로 발생하였다. 오늘날에는 연구하고 계획을 세울 수 있는 인간의 능력 덕분에 좀더 환영할 만한 방식으로 변화를 이끌어낼 수도 있다. 다만, 그것이 효과적으로 되려면, 의사 결정자들의 교육과 이해가 중요하다. 민주주의 사회에서 의사 결정자들은 유권자와 정치인들이다.

에너지에 대한 대중 여론은 여전히 핵 에너지에 대한 두려움에 심각한 영향을 받고 있다. 이 공포 때문에 열악한 기후 환경에 살고 있는 주민들은 에너지 뿐만 아니라, 식량과 물조차 얻기 어려운 상황에 처해 있다. 후쿠시마 사고는 이 공포를 떨쳐내고, 현대 핵 기술을 재검토할 것을 요구한다. 그것은 관련된 물리적, 생물학적, 의학적 및 사회적 제반 문제를 현대의 일관된 과학적 이해방식으로 검토되어야 하며, 광범위한 독자층이 이해할 수 있는 형식으로 표현되어야 할 것이다.

과학에 대한 신뢰는 수치 예측과 측정이 성공적으로 이루어져야 올바르게 확립된다. 그러한 과학적 설명은 사실을 직관적으로 이해하는데 도움이 되는 도표나 그림 묘사로 보충할 수 있다. 과학적 결과를 그리거나 시각화하는 능력은 과학자에 대한 신뢰를 형성하는 데 매우 중요하다. 그래서 다음 장에서는 결론에 이르는데 도움이 되는 몇 가지 수치뿐만 아니라 상식과 도표 및 그림을 사용한다.

보통 그러한 수치들은 정확해서 불확실성이 아주 적다. 수치 비교를 무시할 경우, 언론 보도에서 가끔 발견할 수 있듯이 어떤 토론도 결론을 내리지 못하고 양측의 열띤 논쟁으로 끝나버릴 수 있다. 명확한 수치는 각자의 주장을 비교할 수 있는 가장 합리적인 수단이다.

제3장

생명의 법칙 - 증거와 신뢰

진실의 가장 큰 적은 고의적으로 꾸며낸 부정직한 거짓이 아니라, 지속적이고, 설득력이 있지만 비현실적인 신화인 경우가 아주 흔하다. 우리는 너무 자주 조상들의 상투적인 생각에 매달리곤 한다. 모든 사실들을 미리 짜여진 해석의 틀에 끼워 맞춘다. 불편하게 생각해 보느니 차라리 편안하게 대중의 여론에 추종하는 것이다.

- 존 피츠제럴드 케네디

문명을 위한 에너지

생명의 자연법칙

그 대답만큼 흥미로운 질문은 그다지 많지 않다. 가령 생명의 목적은 무엇인가? 이런 질문이 그런 것 중의 하나이다. 여기서 생명이란 단지 인간 생명에 대해서만 말하는 것은 아니다. 의식이 있건 없건 구별하지 않고, 가장 단순한 세포에 이르기까지 모든 생명에 대해서 말하는 것이다. 다양한 실체로 현현하고 있는 생명체는 실제로 어떻게 살아가고 있을까? 우리는 그것이 상호관계와 경쟁에 얼마나 밀접하게 연관되어 있는지 쉽게 알아차릴 수 있다. 예를 들면, 개인적 친구와 공동의 적, 감염과 항체, 정당과 군사 작전 등은 그러한 관계의 한 예이다. 처음 질문에 대한 다윈 진화론자의 대답은 경쟁이라기보다는 생존하는 것이다. 그것도 확실하게 더 많이 번식하면서 생존하는 것이다.

하지만 여기엔 법칙이 있다. 개체들이 개별적으로 생존하기 위해 노력하긴 하지만, 그것은 일반적으로 생명의 주요 목적이 아니다. 첫번째 법칙은 모든 개체는 죽는다는 것이다. 곧, 생존이란 각 개체들이 후손을 남기기 위한 수단일 뿐이다. 우리가 생각하듯이 각 개체의 생명이 신성하다는 믿음은 자연에서는 통하지 않는다. 다윈이 말하는 자연선택 과정에서 무수한 개체들이 무자비하게 희생된다. 이와 유사한 대학살은 미시세계의 세포간 경쟁에서도 일어난다. 자연은 극소수에게 안식처를 제공하지만, 그 누구에게도 영속적인 생명을 제공하지 않는다.

따라서 생명의 첫번째 법칙은 생명은 유한하다는 것이다. 죽음은 확실하며, 예외는 없다.

지구 별에 도착하는 개체들은 유전자 외에는 아무것도 가지고 오지 않으며, 죽을 때 그들이 성취했던 돈, 지위, 개성, 교육 등 모든 것을 그대로 두고 떠난다. 살아 있는 동안은 그런 것들이 유용했을지 몰라도 더 이상은 필요가 없다. 곧 후세에 남긴 유전자보다 가치 있는 것은 없다는 뜻이다.

따라서 생명의 두번째 법칙은 생명체의 삶은 가벼운 여행이라는 것이다. 즉, 태어날 때 아무것도 가지고 오지 않으며, 죽을 때 아무것도 가져가지 않는다. 이 법칙에도 예외는 없다.

우리가 알고 있는 생명체의 활동범위는 지구 표면의 얇은 껍데기와 대기권에 국한되어 있다. 그러므로 의심할 여지 없이, 우리 환경은 오염되기도 쉽다. 지구 표면을 벗어난 탐험은 거의 없었고, 범위가 제한적이었으며, 인간활동은 어마어마하게 에너지 소모적이었다. 우주의 다른 곳에서 생명체를 찾으려는 시도는 성공한 적이 없었고 지구 밖의 생명체가 우리에게 도움이 될 수 있는지, 아닌지도 모른다. 그러므로 우리는 인구가 과잉인데다가 점점 오염되고 있는 작은 행성에 제한되어 있으며, 사실상 우주에 홀로 서있다고 생각해야 한다. 우리가 이곳에 있는 동안 필요한 것은 무엇인가? 생명은 에너지가 필요하며, 에너지는 법칙을 가지고 있다. 즉, 에너지는 보존될 수는 있어도 만들 수는 없다. 그것은 물리학 법칙이다. 생명의 두 가지 법칙과 마찬가지로 에너지 법칙에도 예외는 없으며 그 결과는 광범위하게 영향을 미친다.

에너지와 다른 문제들

지나간 문제를 논의하는 것은 비교적 쉬운 일이다. 현재 문제에 대해서는 예상할 수 있을지 몰라도, 내일의 문제는 전혀 알 수가 없다. 미래의 문제에 대해 우리가 할 수 있는 최선의 논의는 현재로서는 적절히 해결될 가망도 없는 오늘날의 문제로부터 시작하는 것이다.

2015년 현재 이런 문제들은 다음과 같은 사항을 포함하고 있다.

- 기후변화 : 기후변화의 원인이 과연 인류의 활동 때문인가에 대해 의문을 제기하는 사람들이 아직 많지만 기후변화 자체에 대한 과학적 증거가 이제는 널리 인정되고 있다. 이상 기후와 녹아내리는 빙상은 대중의 인식에 영향을 미쳤다. 불과 1년 전과만 비교해 보아도 기후 변화에 대한 회의적인 목소리가 현저히 줄어들었다.
- 메탄의 역할 : 따뜻해진 북극에서 대량으로 방출되고 있는 메탄의 역할이 주목된다. 대중이 이 문제를 일반적으로 알고 있는 것 같지는 않다.
- 사회 경제적 불안정성 : 2011년 오도된 아랍의 봄 사건 이후 불안정성은 많은 국가로 광범위하게 확산되었다. 무법 상태는 일부 지역에서 풍토병이 된 것 같지만, 재정적으로나 정치적으로 세계 강대국들이 개입할 가능성은 적다. 그것은 아마도 과거에 비해 강대국들 또한 자국의 안정성을 자신하기 어려워졌기 때문일 것이다. 완전히 붕괴되지는 않더라도 많은 정권이 타격을 받게 될 가능성이 지난 50년 중에서 어느 때보다 높다.
- 식량, 물, 인구 : 1798년 영국의 성직자 맬더스는 세계 인구는 필연적으로 생계수단에 따라 제한될 수밖에 없으며, 비참함과 타락에 의해 억제될 것이라는 유명한 말을 남겼다. 그의

예측은 결과면에서는 지연되었지만 그 논리는 아직 살아 있다. 오늘날 사회 발전에 따라 출산율이 낮아질지라도 고령화와 위험을 싫어하는 중산층으로 인해 자원의 수요는 증가한다. 동시에 젊은층으로 구성된 사회는 식량과 직업에 대한 열망을 충족시킬 수 없다. 기후변화로 악화된 이주 압력은 명백해 졌고 점증하는 갈등을 촉발시킬 가능성이 있다. 한편, 깨끗한 물의 공급은 여전히 부족하며, 추가 식량은 제한적인 원조에 의존하고 있다.

- 전염병의 위협 : 2014년 에볼라 발병의 증거는 세계가 충분히 준비되어 있지 않고 대처도 느리다는 사실을 보여준다. 만약 에볼라가 전염성이 강한 질병이었다면 전 세계적인 확산이 심각했을 것이다.

줄어드는 얼음에 고립된 북극곰과 같은 처지가 되고 싶지 않다면, 우리는 이러한 문제에 대한 해결책을 찾아야 한다.

이산화탄소 배출이 없는 해결책

자연의 힘이 미래를 결정하지만 인간의 조직도, 국가적이든 국제적이든, 그렇게 할 수 있다. 인간 사회가 집단 지식과 교육을 사용해 적어도 에너지 공급 면에서 만큼은 일정 정도의 평형을 이뤄낼 수 있지 않을까?

대기중의 산소와 함께, 석탄, 석유, 가스 등 지구상의 가연성 물질은 에너지 저장고, 곧 일종의 배터리 역할을 한다. 현재 이 저장고는 직·간접적인 인간의 행동에 의해 점점 더 빠른 속도로 줄어들고 있다. 인간 자체는 식량과 산소를 섭취하고 이산화탄소를 배출하는 과정에서 자연적인 에너지 저장고 고갈에 기여하는 바가 거의 없다. 동물도 마찬가지다. 야생동물도 그렇고, 주로 식량 자원으로 기르는 가축도 똑같다. 화산과 산불로 인한 이산화탄소 방출은 자연 현상이라고 할 수 있다. 하지만 다른 종류의 많은 불들은 인간이 발생시킨 것이다. 탄소 에너지를 사용하는 전기 생산, 수송, 난방과 냉방 및 기타 산업 활동이 바로 그것이다.

1970년대부터 수십 년 동안 탄소 에너지의 미래에 관한 우려는 한정된 연료 공급에 바탕을 두고 있었지만 지금은 사정이 바뀌었다. 이제 주요 관심사는 방출된 이산화탄소가 기후에 미치는 영향이다. 세계 어느 곳에서든지 이산화탄소와 같은 온실가스의 농도를 직접 측정해 보면, 매년 해를 거듭할수록 그 농도가 얼마나 빠른 속도로 증가하고 있는지 보여준다. 가스 물리학에 따르면, 증가하는 온실가스 농도가 지구 기후에 영향을 미치고 있다고 추정할 만한 이유들이 분명하다. 인류는 밤낮으로 항상 이용할 수 있는 에너지 공급이 필요하다. 이 에너지 공급이 없으면 인류는 생존에 결정적 타격을 받을 것이며 세계적 규모의 대량 인명손실을 피할 수 없을 것이다.

에너지가 인류문명 존속에 필수적이지만 그렇다고 이 에너지 생산과 사용이 우리의 환경을 심각하게 오염시키거나 세계적인 질병이나, 전쟁, 기후 불안, 물 부족 또는 기아 등의 가능성을 증가시켜서는 안 된다. 과연

어떤 에너지 원천이 인류문명을 지속적으로 뒷받침해 줄 수 있을 것인가?

에너지 원천

석유, 석탄, 가스 및 다양한 형태의 탄소 연료는 이산화탄소를 배출하기 때문에 모두 배제되어야 한다. 태양은 직접적으로 태양광 에너지를 제공하지만 간접적으로도 바람, 파도, 수력을 일으킨다. 태양, 달과 연관된 지구의 중력과 운동은 조수를 일으키는 에너지 원천이다. 또 다른 재생 에너지 원천은 지구 내부의 열이다. 이 지열은 지구 내부에 흩어져 있는 방사성 원소들의 붕괴에서 나온다. 사실 지구 내부 방사열의 kg당 출력은 인체 내부의 자연 방사열과 거의 같다. 지구에서 이 열은 지열 에너지 뿐만 아니라 지각 판의 운동과 그로 인한 지진, 쓰나미 및 화산 활동에 열동력을 제공한다. 지열 발전소는 특히 캘리포니아, 뉴질랜드, 옐로스톤 국립공원과 같은 지각 판의 가장자리에 위치한 장소에서 찾아볼 수 있다.

이른바 재생 에너지 원천의 목록에 흔히 목재 폐기물과 바이오 연료를 포함시킨다. 하지만 여기에는 이상하게도 솔직한 사고방식이 결여되어 있다. 이 원천들은 자연 광합성을 통해 생성된 식물성 물질을 연소시킴으로써 이산화탄소를 대기 중으로 바로 배출한다. 자연은 대기 중의 이산화탄소를 줄이기 위해 나무와 많은 식물들을 열심히 기른다. 이것은 인간의 힘으로 할 수 없는 대규모의 일이다. 그런데 목재 폐기물과 바이오 연료를 태우는 행위는 자연적이고 성공적으로 이루어지고 있는 탄소 포획의 혜택을 그냥 낭비하는 것이다. 따라서 목재, 바이오 연료를 연소시키는 것은 석탄, 석유, 가스의 사용보다 나을 것이 없는 아주 근시안적인 행위이다. 심지어 대규모 농경지를 바이오 에너지 생산지로 바꾸고 있다. 더욱 나쁜 것은 그 목적을 위해 세계 곳곳에서 숲이 파괴되고 있다는 것이다.

저장된 에너지와 그 안전성

에너지 공급에 관한 대중 토론은 흔히 '에너지를 쉽게 저장할 수 있다면 문제가 훨씬 수월할 텐데'라는 결론을 내린다. 그러나 현재 필요한 규모로는 이 일이 쉽지 않다. –그것이 다행이긴 하다. 왜냐하면, 쉽게 할 수 있더라도 위험할 것이기 때문이다. 문제는 그러한 저장고에서 에너지의 추출을 효율적이고 안전하게 제어할 필요가 있다는 점이다. 우발적 사고가 날 경우 에너지 저장고는 통제할 수 없는 막대한 에너지가 순간적으로 방출되는 '폭탄'이 될 수가 있다. 에너지 방출이 더 쉽고 완벽하게 가능할수록 더 좋은 저장고일 테지만, 우발적 사고로 인한 방출은 그만큼 더 강력하고 파괴적일 수 있다. 그러므로 에너지 저장은 에너지 사업의 바람직한 요소임과 동시에 치명적인 위험 요소이기도 하다. 대량으로 저장된 에너지의 위험성은 수력발전용 댐이 실증하고 있다. 중요한 문제는 비상시에 안전하게 방출되어야 할 저장된 에너지의 양이다. 석탄, 석유, 가스 화력발전소는 연료 공급 계통 자체가 기능을 유지한다면 필요할 때 저장된 에너지의 방출을 즉각 줄이거나 멈출 수 있다.

흥미롭게도 핵융합 발전은 저장된 에너지가 대단히 낮다. 원자로가 꺼지면 즉각 에너지 생산이 멈춘다. 하지만 이 핵융합 원자로는 아직 상용화되지 않았다. 핵분열 원자로는 다르다. 수력발전의 댐처럼 막대한 저장 에너지를 가지고 있으며, 가동이 중단된 후에도 에너지가 몇 일, 몇 달 동안 계속 새어 나온다. 이것이 어떻게 해서든지 효과적으로 차단하고 통제해야 할 붕괴열이며, 후쿠시마 다이이치 사고는 이 작업이 얼마나 어려울 수 있는지를 보여 주었다.

핵 에너지

모든 에너지원에는 에너지 밀도와 간헐성이라는 두 가지 중요한 척도가 있다. 에너지 밀도는 kg 당 사용 가능한 에너지이다. 일부 에너지원은 밀도가 너무 낮아 엄청나게 많은 양의 연료나 흐르는 물, 바람이 없으면 필요한 에너지를 전달할 수 없다.

수요가 지속적일 때 간헐적인 에너지원은 무용지물이다. 그래서 대규모 에너지 공급용 보조설비나 에너지 저장설비가 중요해진다. 배전망을 통해 간헐적인 에너지원을 대규모로 공유하거나 평준화하는 것이 매력적인 대안 같지만 그 성공 여부는 전적으로 에너지원 간의 거리와 각 에너지원의 간헐성 패턴에 달려있다. 공급을 공유해야 하는 거리가 길어지면 그에 따른 비용이 많이 들거나 공유가 실패할 수 있다. 그러므로 **풍력, 파력 및 태양광 전력**은 일부 시간이나 특정 지역, 사람이 거의 없는 특정 지역에서만 사용할 수 있을 뿐이다.

석탄, 석유 및 가스는 연소 과정에서 이산화탄소를 대기 중에 직접 배출함에도 불구하고, 높은 에너지 밀도를 가지고 있으며 정치적 압력이 개입하지 않는 한 간헐성도 없다. 화석연료는 언제 어느 곳이든 에너지를 공급할 수 있다. 지열 발전은 수력이나 조력 발전과 같이 이용할 수 있는 곳에서는 효과적이지만 예외적인 경우이다.

지구상의 핵융합 동력인 **열핵 발전**은 상용화될 경우 매우 중요하겠지만, 우선은 재료 개발과 원자로 건설에 수십 년의 시간이 필요하다. 프랑스에서는 예비 단계 원자로인 ITER(국제 열핵융합 실험로)를 건설 중이며, 그 다음에 실물크기의 시제품이 건설될 것이다. 조금 더 먼 미래에는 도처에 존재하는 열융합발전소에서 소량의 연료로 제한없이 전력을 생산할 수 있을 것이라는 희망을 준다.

핵분열은 높은 에너지 밀도를 가지고 있다. 그 밀도가 얼마나 높은지 최첨단 리튬 배터리와 비교해서 설명할 수 있다. 2013년 보잉 드림라이너의 운항중단 사고는 리튬 배터리의 에너지 유지 문제로 발생했다. 리튬 배터리는 완전히 충전되었을 때 kg당 0.2kWh의 에너지를 저장한다. 이것을 1kg의 토륨-232와 비교해 보자. 완전 충전된 리튬 배터리 10만 톤은 1kg의 토륨-232와 동일한 에너지를 갖는다. 토륨은 리튬 배터리보다 에너지 밀도가 1억배 높은 것이다. 핵물리학자도 경탄할 만한 수치이다.

간헐성의 측면에서 보면 핵분열 원자로에서 나오는 에너지는 화석연료 발전소만큼 효과적이다. 그것은 언제나 이용가능하고 또

어디든지 심지어 지진이 일어나는 지역에도 건설할 수 있다. 바람이나, 맑은 날이나, 조수가 바뀌기를 기다릴 필요도 없고, 환경에 미치는 영향이나 기본적인 비용 및 사고 기록을 살펴보아도 모든 면에서 압도적으로 뛰어나다. 연료로 토륨을 사용하는 신기술이 몇 년 내에 가능하겠지만, 그와 동등한 우라늄 형태는 신기술이 아니다. 그것은 지금도 이용할 수 있고 반세기동안 사용되어 왔다.

핵분열 에너지에 대해 해결해야 할 두가지 문제

단지 두가지 남은 문제가 있다. 첫번째 문제는 핵이라고 하면 또는 방사선과 관련된 것이라면 무조건 따라붙는 **대중적, 및 정치적 공포증**이다. 두번째 문제는 이러한 방사선 공포증을 떨쳐내는 일 대신에 그것을 강화하기 위해 행동하는 **규제 당국**이다. – 그들은 60년 동안을 그렇게 해 왔다.

이 두가지 문제는 많은 사람들이 그렇게 하기로 마음만 먹었다면 쉽게 극복할 수 있었을 것이다. 하지만 문제의 배경에는 핵 에너지는 근본적으로 비싸고 또 그 폐기물이 골치라는 편견과 선입견이 굳게 자리잡고 있다. 정확한 정보가 통용되는 세계라면 그 어느 것도 사실이 아닐텐데도 말이다.

핵 기술과 그것이 생명에 미치는 영향에 대한 올바른 이해는 과학자들 사이에서도 찾아보기 드물며, 일반 대중 사이에서는 절대적으로 결핍되어 있다. 다음 장에서 다른 학문 분야의 눈을 통해 방사선과 핵 기술을 살펴볼 것이다. 흔히 핵 에너지의 사용은 까다

롭고 복잡하다고 설명하지만, 그 안전성을 충분히 이해하기 위한 기본적인 사실은 쉽게 파악할 수 있다. 핵 공포증은 언론과 대중 문학에 이야기거리를 계속 제공했고, 그것이 공포증을 더욱 확대하는 자립적 순환고리가 형성됐다.

방사능 안전성에 대한 위험한 오해에 사로잡힌 각종 국제 및 국가적 안전 당국의 정책에 의문을 제기하는 새로운 움직임이 나타나고 있다. 이 안전 당국들이 여태까지 주저하고 대응하지 못한 여러가지 이유를 이해할 필요는 있지만, LNT와 같은 사이비 과학에 변함없이 집착하는 그들의 태도는 속속 발표되는 과학적 증거 앞에서 더 이상 오래 지속될 수는 없을 것이다.

논박해야 할 널리 알려진 신화들

인정하는 사람은 별로 없어도, 인류 집단은 비합리적인 것을 찾아낸다. 케네디 대통령의 말처럼, 불합리한 의견은 아무런 노력이나 비용도 들이지 않고 쉽게 받아들일 수 있지만, 이에 맞서기 위해서는 시간과 연구가 필요하고, 심지어 고통이 따른다.

다행히도 상황을 바꾸고 싶어 하는 사람들이 있다. 뒤얽혀 있는 수많은 관측 결과를 이해하기 위해 마리 퀴리가 수행했던 일을 알아보면 유익하다. 그녀는 스스로의 노력으로 오늘날과 같은 수준으로 원자핵을 이해하게 되었기 때문이다. 그녀의 이야기는 불리한 조건 속에서도 무엇을 해낼 수 있는지 잘 보여준다.

불행하게도, 풍요로운 세상에 사는 많은 사람들은 그녀가 공들여 이루어 놓은 업적을 사실상 부정하고, 핵 에너지와 방사선이 '악의적이고 당치않는 우연한 장난의 일부'라고 상상하고 싶어한다. 정확하게 말하자면 그들은 방사선을 사용하는 의사의 손에 맡겨져 암을 치료받거나 또는 목숨을 연장하게 될 때까지 그 생각을 버리지 못한다.

조금만 더 연구해 보면 누구나 더 잘 이해할 수 있고, 지난 70년 동안 아무런 의심도 없이 거듭해서 그저 반복되고 복제되던 그 대답들을 버릴 수 있을 텐데.... 그 70년동안 반복된 대답들은 의학적 및 생물학적 사실들과 맞지 않는다. 언론 매체에 게재되는 핵방사선과 그것이 생명에 미치는 영향에 대한 대중적 판단은 잘못된 생각이다. 실제 방사선의 효과는 할리우드의 드라마나 소설과는 반대로 보통 무해하고 때로는 유익하기까지 하다.

그렇다면 인류는 새로운 문명시대를 맞이하는 어려운 결정을 내려야 할까, 아니면 마리 퀴리의 발자취를 따라 간단하게라도 연구해 볼 필요성을 거부하고 자극적인 가상의 이야기를 선택해야 할까? 21세기 인류의 미래를 위협하는 진짜 문제들은 숨겨져 있지 않다. 식량과 물, 그리고 주거 공간에 대한 필요성은 변하지 않았지만, 기대수명이 높아지고 인구가 늘어나면서 교육과 진정한 과학적 이해에 대한 필요성이 중요해졌다. 모든 수준의 핵 기술에 대한 총체적 오해는 특히 많은 과학자들 사이에서조차 수정되어야 한다. 왜냐하면 간단한 수준에서라도 이해될 때, 문명의 주요 문제 해결에 기여할 수 있는 핵 기술의 능력을 제대로 평가할 수 있기 때문이다.

2011년 후쿠시마 다이이치에서 무슨 일이 일어났을까?

지진에 대한 일본의 대비

2011년 3월 11일 05.46 UTC(협정세계시)에 도호쿠 지진으로 알려진 일본 동부 대지진이 발생했다. 그 강도는 리히터 규모 9.0이었으며, 일본 북동부 해안을 강타한 거대한 쓰나미를 일으켰다. 천년 만에 일본을 강타한 가장 큰 지진이었다고 하지만, 일본인들은 지진을 광범위하게 연구해왔고 그들의 건축 법규는 건물이 상당한 파괴력을 견디도록 규정되어 있다. 2011년 10월 내가 이 지역을 방문했을 때 일부 도로는 지반 침하로 여전히 파손된 상태였지만, 이에 비해 피해를 입은 건물은 거의 보이지 않았다. 내가 방문한 후쿠시마시의 학교는 파손되었지만 이미 수리가 완료되어 이용할 수 있었다. 건물안전에 대한 대비는 규율있고 조직적인 일본인들의 재난대처를 보여준다. 그들은 그런 지진 뒤에는 여진을 예상해야 하며 또 다가올지도 모르는 쓰나미를 즉시 대비해야 한다는 사실을 알고 있었다. 그래서 지진이 감지되자 마자 주민들은 쓰나미로부터 안전한 고지대나 다른 곳으로 이동했다. 학교는 그동안 훈련한 방식을 따라 빠르게 움직였다. 불가피하게도, 노인들이 있는 병원과 집에서는 그렇게 빨리 대응할 수 없었다.

원자로 폐쇄와 붕괴열

지진이 발생하자 그때 일본 전역에 가동되고 있던 모든 원자로가 즉각 폐쇄되었다. 핵분열 원자로의 경우 폐쇄란 제어봉을 원자로 안에 떨어뜨려 모든 중성자를 흡수하는 것이다. 결과적으로는 쓰나미가 도착하기 훨씬 전에 원자로가 폐쇄되자마자 핵분열에 의한 모든 에너지 생산이 즉각 중단되었다.

중성자는 하나의 핵 분열이 더 많은 핵의 분열을 촉발시킬 수 있게 하는 매개체이다. 핵분열성 핵이 중성자를 흡수하면 거의 즉시 핵분열을 일으키게 되고 더 많은 자유 중성자를 방출한다. 이러한 핵의 연쇄 반응은 중성자에 의해서만 매개될 수 있다. 핵 연쇄반응은 중성자를 쉽게 흡수하지만 핵분열을 일으키지 않는 비분열성 핵들로 제작한 제어봉으로 멈출 수 있다. 그래서 연쇄반응의 고리를 끊을 수 있다.

원자로가 정지된 후 핵분열은 더 이상 일어나지 않지만, 대다수 핵분열 생성물은 여전히 붕괴될 수 있기 때문에 조금 약해진 잔류 핵 활동이 계속 존재하게 된다. 이로 인해 그 생성물들이 좀더 안정된 원자로 변하면서 붕괴열이라고 알려진 에너지가 방출된다. 이 붕괴열이 초기에 얼마나 빨리 감소하는지를 인식하는 것이 중요하다. 〈그림 3-1〉에서 볼 수 있듯이 붕괴열은 원자로가 정지되는 순간 원자로 열 출력의 7%를 차지하며, 1일 후에는 1%를 약간 넘는 수준으로 아주 빠르게 감소한다. 그러나 이 붕괴열은 그 감소 속도가 시간이 지날수록 점점 느려져, 1년이 지난 후에도 여전히 0.08%나 된다. 모든 원자로는 비슷하게 작동한다.

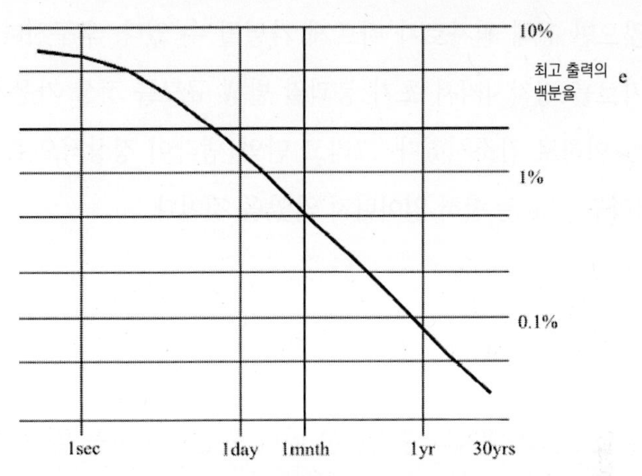

〈그림 3-1〉 원자로 폐쇄 이후 시간이 지남에 따라 원자로에서 방출되는 붕괴열 출력의 감소 추이를 보여주는 그래프. 두 눈금이 모두 로그값이므로 초기에는 높은 출력이 나타나고 나중에는 낮은 출력이 나타나는 것을 주목할 것.

원자로 폐쇄 1일 후 붕괴열로 생성되는 열출력은 다음과 같이 대략 계산할 수 있다. 폐쇄 직전 1,000MW전력을 생산하고 있었고 열 효율이 33%라면, (1일 후에는 열출력의 1%로 감소되므로) 그 답은 대략 1,000 × 1% / 33% = 30 MW 이상이다.
1년후 그 값은 2.4 MW로 떨어질 것이다.

붕괴열 감소 곡선의 형태가 이렇게 생긴 이유는, 각각 나름의 단순 지수 붕괴와 반감기를 갖는 다양한 핵 동위원소의 독립적인 붕괴가 복합되어 있기 때문이다. 초기에 잔류 핵활동은 반감기가 짧은 원소의 효과가 지배적이지만 나중에는 반감기가 긴 동위 원소의 활동만 남게 된다. 후쿠시마 다이이치에서 우려된 것은 초기 몇 시간 내지 며칠 동안에 발생한 붕괴열이었다.

붕괴열은 지속적인 냉각수 순환으로 반드시 제거되어야 하며 그렇지 않으면 전체 원자로가 빠르게 가열될 수 있다. 후쿠시마에서는 원자로를 정지시켜서 초기 붕괴열 발생 규모를 정상 가동시 대비 10% 이하로 감소시켰다. 그리고 만약 냉각이 정상적으로 유지되었더라면 사고는 전혀 일어나지 않았을 것이다.

쓰나미의 도착

지진으로 인한 해저의 움직임은 바다 표면에 파도를 일으키면서 양수기처럼 물을 밀고 당긴다. 이 파도는 바다의 깊이에 따라 시간당 수백 킬로미터의 속도로 움직인다. 물 깊이가 얕은 곳에 이르게 되면 이 쓰나미 파도는 훨씬 느리게 움직이지만 그 높이는 더욱 상승한다. 그리고 마지막에는 보통 휴양지 해변에 밀려오는 여느 파도처럼 부서진다. – 실제로 파도는 물 깊이가 얕은 곳에서는 느리게 움직이지만 물 깊이가 깊은 곳에서는 더 빨리 움직이며, 마침내는 뒤의 물마루가 그 앞의 물골을 따라잡아 파도가 부서진다. 쓰나미 파도는 특히 극적인 방식으로 솟구쳐 부서질 수 있다.

지진이 일어난 지 약 50분 후, 그러한 쓰나미 파도가 후쿠시마 다이이치에 다다랐다. 파도는 높이가 증가하면서 내륙으로 돌진하여 그 앞에 있는 모든 것들을 휩쓸고, 해안선을 따라 정박한 배, 집, 자동차, 상점, 공장, 전력선, 도로 및 철도 등을 강타한 다음 부서졌다. 흥미롭게도 쓰나미 파도가 해안에 도착하기 전에 항구를 빨리 떠난 배들은 모두 무사했다. 더 깊은 바다에서 파도는 부서지지 않았고 그 크기도 훨씬 작았다.

쓰나미로 인한 원자로의 피해

일본의 핵 원자로들은 대부분 40년도 더 되었지만 견고한 설계 덕분에 이제까지 지진으로 파손된 원전은 하나도 없었다. 후쿠시마 다이이치 원자력 발전소는 너무 낮은 위치에, 해수면에 가깝게 건설되었기 때문에 쓰나미로 인해 약간의 주변 손상을 입었다. 구체적으로 말하자면, 바다 쪽 건물에 설치되어 있던 보조 예비 디젤 발전기가 쓰나미로 인해 침수되었고 발전소로 이어지는 주 동력선 또한 파괴되었다. 그래서, 발전소는 단기 예비 배터리가 소진됨에 따라 더 이상 전원이 공급되지 않은 채로 방치되었다. 그 이후 6기의 원자로 중 3기는 앞서 논의한 붕괴열을 제거할 수단이 없었다. 또한 사용 후 연료를 보관하는 물이 채워진 저장조들이 있었는데, 이 저장조들도 냉각할 필요가 있었다. 왜냐하면 이 사용후 연료들도 〈그림 12〉의 곡선을 따라 아주 느린 속도로 내려갈지언정 붕괴열을 계속 방출하기 때문이었다.

화학 이야기

실제로 후쿠시마 다이이치 발전소의 원자로와 연료 저장조는 어떻게 되었을까? 냉각작업이 중단된 원자로에서는 지속적으로 열이 방출됐고 노심 온도가 계속 올라갔다. 핵 활동 자체는 그 온도에 전혀 영향을 받지 않았지만, 화학 반응은 그렇지 않았다.

각 원자로에는 물을 가득 채워, (이 물 흐름을 이용하여) 원전

가동시에 활동적인 중성자를 완화 또는 감속시키고 원자로 에너지를 발전 터빈으로 전달하며, 그래서 원자로도 식힐 수 있도록 설계되어 있다. 원자로가 정지될지라도 붕괴열을 분산시키기 위해 이 물 흐름은 여전히 필요하다. 원자로를 냉각하는 격납용기 안에는 압력용기가 있고 그 압력용기 안에 노심이 있다. 우라늄 연료는 이 원자로 노심(爐心) 안에 지르코늄 튜브로 봉인되어 있다. 이 지르코늄 튜브의 유일한 역할은 연료와 그 핵분열 생성물을 물과 격리하는 것이다. 연료 재공급이 필요하면, 이 튜브를 그 안의 방사능 물질과 함께 말끔하게 꺼낼 수 있으며, 그것을 교체하거나 노심 안의 새 위치로 옮길 수 있다. 지르코늄 금속은 핵 반응에 아무런 역할도 하지 않고 또 화학적으로도 매우 안정적이다.

그러나 대부분의 금속과 마찬가지로 지르코늄은 충분히 높은 온도에서 물과 반응한다. 이 화학 반응은 산화지르코늄과 수소 가스를 생성한다. 학교의 화학 실험실에서 볼 수 있듯이, 나트륨과 칼륨은 유사한 방식으로 실온에서 반응한다. 알루미늄과 철도 부식될 때 똑같이 반응을한다. 그러므로 이 단계의 이야기는 전혀 핵과 관련 없는 단순한 화학적인 것이다. 물 속에 담긴 지르코늄의 경우, 수소를 생성하는 이 반응은 온도가 1,200C를 넘을 때 시작된다. 후쿠시마 다이이치에서 결국 온도가 상승했고 지르코늄은 물에 부식되면서 수소 가스를 생성했다. 이 이야기는 3개 원자로에서 약간 다르게 전개되었지만 그 효과는 질적으로 매우 비슷했다.

온도와 과열 증기로 인해 이미 매우 높아진 격납용기 내부의 압력은 추가된 수소로 더욱 상승되어 대기압의 8.5배에 이르렀다. 용기는 대기압의 5.3배를 견딜 수 있도록 설계되었기 때문에 심각한 파열 위험에 처해 있었다.

공기에 방출된 방사능

따라서 과도한 압력을 방출하는 과정에서 상황이 악화되었다. 사용되지 않은 연료와 방사성 악티늄족 원소 및 핵분열 생성물이 손상된 지르코늄 제어봉을 통과해 물 속으로 유출되었다. 압력을 의도적으로 방출함으로써 증기와 수소는 대기로 빠져나갈 수 있었지만, 몇가지 휘발성 핵분열 폐기물, 특히 동위원소 요오드-131 및 세슘-137이 함께 누출되었다. 이 동위원소들의 총 방출 방사능은 여러 그룹에 의해 측정되었으며 체르노빌에서 방출된 량의 약 15%로 보고되었다.

이후 일어난 일은 극적으로 보였지만 사실 그렇게 중요하지 않았다. 과학을 배운 학생들은 수소와 산소의 혼합물은 수증기를 만들면서 폭발할 수 있다는 사실을 잘 알고 있을 것이다. 무엇이 폭발을 촉발시켰는지는 분명하지 않지만 수소가 매우 뜨거웠기 때문에 폭발을 촉진시켰을 것이다.

어쨌든 방출된 수소는 원자로 밖의 공기와 혼합되었고 그 결과 발생한 폭발은 뉴스 카메라에 포착되어 손상된 원자로에서 발생한 폭발이라는 사진 설명과 함께 전 세계에 전송되었다. 이러한 선정적인 언론 보도로 인해 공포심은 극대화됐다. 다이이치 원전의 폭발은 핵폭발이 아니었으며, 전적으로 원자로 밖에서 발생했고 추가 방사능 누출은 전혀 초래되지 않았다는 사실을 모르는 사람들 사이에서 큰 공포를 일으켰다. – 방사능 누출은 수소와 증기가 방출될 때 이미 발생했다. 그러나 그 공포와 불안, 신뢰의 붕괴는 현실이 돼버렸고 후쿠시마 다이이치 사고로 인한 공황상태와 엄청난 경제적 손실의 원인이 되었다.

억제된 재임계

수소의 추가 생성과 연료봉 집합체의 붕괴를 막기 위해선 반드시 원자로 내의 온도를 줄여야 했다. 초기에 이 작업은 원자로 노심에 해수를 순환시킴으로써 가능했다. 동시에 그 물에 붕산의 형태로 붕소를 첨가하였다.

자연에서 발견되는 붕소는 강력한 중성자 흡수제인 붕소-10을 20% 함유하고 있다. 그래서 붕산은 중성자 선속을 억제하는 제어봉과 같은 역할을 한다. 결과적으로 이른바 재임계라고 하는 과정인 핵분열의 재시작은 없었음이 확인되었다. 그럼에도 불구하고 2.6미터 두께의 콘크리트 격납 용기의 바닥까지 녹아 떨어진 손상된 연료봉은 1호기 원자로를 0.65미터 깊이까지 침식했다. 2호기와 3호기의 침식된 깊이는 각각 0.12미터와 0.20미터였다. 이 원자로 노심의 용융은, 헐리우드 영화에서 그래픽으로 묘사되었고, 언론 매체체가 공포의 소재로 이용하였지만, 실제로 대기와 냉각수로 누출된 방사능에 비해 그렇게 중요하지는 않았다. 이 원자로 노심의 용융을 대재앙의 직전 단계로 간주해서는 안 된다. 재임계는 고순도 연료로 세심하게 설계된 핵무기에서도 달성되기 어렵다. 후쿠시마의 경우에는 폭발은 말할 것도 없고 중성자 선속이 증가할 가능성도 없다. 만약 소위 코리움(용융 혼합물)이라고 하는 용융된 연료가 격납용기의 모든 층을 온통 침식했다고 하여도, 그 상황이 초래하게 될 피해는 노심 내용물의 상당 부분이 상층 대기와 지역 환경에 뿌려져 인명 손실을 초래했던 체르노빌의 경우와 비교할 수 없을 정도로 작았을 것이다.

물속에 방출된 방사능

냉각이 다시 시작되면서 물은 손상된 연료봉이 있는 원자로를 통과하게 되었고 그 결과 정상시에는 완전히 봉 안에 격납되어 있어야 할 요오드-131과 세슘-137을 포함한 핵분열 생성물과 직접 접촉하게 되었다. 이 원소들은 물에 쉽게 녹아 물이 방사능을 가지게 된다. 사고 직후, 이 방사성 냉각수는 탱크에 보관되어 적절한 여과를 기다리고 있었지만, 처음 몇 주 안에 저장 용량이 부족하게 되었다.

이것이 심하게 오염된 냉각수의 저장 공간을 확보하기 위해 방사능이 낮은 일부 냉각수를 바다에 방출해야 했던 이유이다. 이 내용은 충분하고 적절하게 발표되었지만, 홍보는 완전히 실패했다. 게다가 의도하지 않은 누출과 지하수 오염이 발생했고 또 한편 대중의 인식에 잘못된 정보가 전달되었다. 누출된 방사선이나 방사능 자체는 근로자나 대중에게 직접적인 건강상의 영향을 미치지는 않았지만 이후 간접적으로 사회적, 심리적으로 부정적 영향을 초래했다.

사용후 핵연료 저장조

원자로 자체의 냉각수 외에도 사용후 핵연료 저장조의 물이 있었다. 이 물은 냉각제 뿐만 아니라 방사선을 막는 차폐 역할로 사용된다. 이 저장조에는 최종적으로 재처리하여 보관하려는 사용후 핵연료 뿐만 아니라 보수중인 원자로에서 최근에 꺼낸 연료를 포함하고 있었다. 이 저장조의 사용후 핵연료에는 요오드-131이 거의 포함되어 있지 않았다. 왜냐하면 요오드-131의 반감기는 8일인데 핵분열이 끝나고 저장된 기간은 이미 오랜 기간이 경과했기 때문이다. 또 최근 정지된 노심의 극심한 열을 받지 않았기 때문에 사용후 핵연료 봉은 그만큼 물을 오염시키지 않았다. 밝혀진 바와 같이 이 저장조 안에 보관된 사용후 연료봉이 손상되기는 했지만 저장조 자체의 안전성은 유지되었고, 일부 관측자들이 우려했던 것처럼 물이 계속 끓지는 않았다.

그럼에도 불구하고 사용후 핵연료로 인한 사고 우려 때문에 체르노빌과 똑같이 국제 핵 사고 등급(INES)에 따른 심각도 7을 부여하는 정치적 결정이 일찍이 이루어졌다. 이 등급은 과학에 기반을 두지도 않았고, 실제로 아무것도 측정하지 않은 것이다.(이에 관해서는 제5장의 〈체르노빌 사고의 영향〉에서 다시 설명한다.) 관계 당국은 자신들이 직면한 어려움을 대중에게 강조하기 위해 근거없는 자료를 사용한 것으로 보인다. 불행히도 그 등급 숫자들은 정량화된 과학처럼 보였지만 사실은 그렇지 않았고, 심각도 7이라는 명제로 당국자들은 대중의 공포만 증폭시켰을 뿐 대중의 신뢰나 이해는 조금도 증진시키지 못했다.

방사능에 대한 대중의 신뢰

무지와 계획의 부재

후쿠시마 다이이치 원전 운전원들은 사고 직후 조명에 필요한 전원과 적절한 기본적인 계측설비를 구하지 못해 큰 어려움을 겪었고 일본 사회 전체와 마찬가지로 큰 스트레스를 받고 있었다. 그 이유는 지진과 쓰나미에 대처하는 데는 그토록 효과적이었던 계획과 교육 및 개인적 지침이 핵사고의 가능성까지 확대된 적이 없었기 때문이다. 사실 일반 대중뿐만 아니라 고위 당국자들도 방사선과 방사능 누출에 완전히 무지했다. 설계와 적용 규정 때문에 사고는 발생할 수 없다는 것이 일반적인 생각이었다.

핵 위험에 대한 개인적인 책임이나 이해에서 벗어나려고 하는 것은 국가적인 현상일 뿐만 아니라 국제적인 풍조였다. 어떤 수준에서도 온전하게 책임지는 사람은 없었고 책임은 항상 위쪽으로 전가되곤 하였다. 핵 사건 뿐만 아니라, 이런 수준의 무지와 중앙집권적 대처로 처리되는 세상사는 어떤 것이든지 불안정의 근원이 된다. 특히 모든 사건이 현대의 24시간 가동되는 매체를 타고 신속하게 보도되고 증폭될 때는 더욱 그렇다.

절대적 안전에 대한 착각과 신뢰의 상실

후쿠시마 현의 현장에 있던 사람들 중에 원자력사고가 공중보건에 미치는 영향에 대해 아는 사람은 하나도 없었던 것으로 보인다. 체르노빌에 관한 유엔/세계보건기구의 최근 보고서를 읽은 사람도, 결정을 내릴 때 바탕이 되는 필요한 권위와 확신을 가진 사람도 전혀 없었던 것으로 보인다. 원자로에 대해 말할 수 있는 엔지니어들은 있었지만, 법규의 자구에 머물지 않고 실제 사람들에게 의학적 의미를 설명할 수 있는 권위 있는 사람은 아무도 없었다. 대중들은 방사능이 누출되었을 때 그에 대처할 수 있는 배경 지식이 전혀 없었다. 특히 그 위험의 규모마저 대중들에게 감추어졌기 때문에 대중들에게 자연스런 반응은 최악의 상태를 가정하는 것이었다.

극단적인 언어는 아무런 지침이나 안심을 주지 못한다. 일본사회는 미래를 계획하는데 있어서, 핵 사고 따위는 일어나서는 안 되며 또 심각한 사고는 충분히 안전 대책으로 예방할 수 있다고 장담하면서 핵 사고 가능성을 아예 일축하였다. 절대적 안전이란 가능할 수 없기 때문에 이런 사고방식은 원칙적으로 착각이다. 모든 문턱은 넘을 수 있으며, 모든 보호장치는 압도될 수 있다. 자연은 언제나 인간의 최선의 노력을 압도할 수 있다. 자연은 인간이 저항할 수 없는 불가항력으로 사고를 무대에 올린다. 오늘날 사고가 일어날 때마다 언론 매체는 그 이야기를 채택하고, 대중의 공포를 반복하고 증폭시키면서 잘못된 정보를 받은 대중의 편에 서있는 것처럼 재빠르게 자신을 과시한다. 이런 점에서 사고 당시 자유로운 현지 언론이 없었던 체르노빌 사건보다 후쿠시마 사고는 훨씬 심각했다. TV방송사들은 쓰나미의 무시무시한 영상을 내보낸 직후, 속편을 기대하는 현대인의 욕구를 충족시키려 하는 듯 후쿠시마 다이이치의 화학 폭발 영상을 반복해서 방영했다.

분명히 쓰나미는 자연의 현상이고 그 누구에게도 책임을 물을 수 없지만, 누출된 방사선은 인간이 만든 것이므로 추측성 정치 이야기로 만들기 쉬웠다. 언론과 그 고객들은 방사능 물질을 분출하는 원자로에 대한 설명을 더 선호했다. 그 장면들은 청중들에게 무서운 공룡이 불을 내뿜는 듯한 끔찍한 환영을 불러일으켰는데, 아마도 당국의 통제를 벗어났을 뿐 아니라 대중의 상상력마저 초월한 것으로 보인다.

기자들은 쓸 말이 고갈되었는지 매일같이 언론에 '분출(spewing)', '불구가 된(crippled)'이라는 단어를 반복 사용함으로써 일상 용어에서 그 단어들의 실제적 의미마저 바뀌었다.

이러한 보도들은 방사능 수준이 높다고 말하고 있을 뿐, 무엇이 방사능 수치를 높였는지 따위는 설명하려는 시도조차 하지 않았다. 그 결과 일본의 사회 정치 구조와 전세계 과학계에 대한 대중적 신뢰가 광범위하게 실추됐다. 가장 중요한 초기 며칠동안 이 흐름을 멈출 준비를 갖춘 당국자들은 거의 없었다. 이런 신뢰감의 상실은 사회 자체의 결속력을 위협하기 때문에 위험하다. 특히 상황에 대한 완전히 잘못된 평가가 증폭되어 24시간 보도될 때는 더욱 그렇다.

공중 보건에 미치는 영향

방사능의 대부분은 바람을 타고 바다나 또는 북서쪽 내륙으로 이동하여 이타테 마을 전 방향으로 운반되었다. 다음 〈그림 3-2〉의 지도에 점선으로 표시된 원은 후쿠시마 다이이치 발전소에서 20 km와 30 km 떨어진 지점으로 대피 구역을 표시하고 있다. 이후 이 영역은 바람의 영향으로 퇴적된 방사능의 분포가 변함에 따라 북서쪽 방향으로 확장되었다.

여러 색으로 나타난 영역을 간단히 설명하자면, 평생 녹색 지역에 사는 모든 사람은 암 발병률이 미국 평균보다 낮은 지역인 콜로라도의 자연 방사선량(연간 6 mGy)의 약 2배정도의 방사선량을 받게 된다. 진한 적색 영역의 선량률(연간 250 mGy)은 1934년 ICRP(국제방사선보호위원회)가 정한 안전 임계값(연간 730 mGy)의 3분의 1수준이며, 이 수치는 오늘날의 기준에서도 암에 걸릴 알려진 위험이 없다.

쓰나미로 타격을 받은 지역은 해안선을 따라 띠를 이루고 있고 방사능이 높은 지역은 주로 쓰나미가 닿지 않았던 내륙의 산악 지대였다. 쓰나미로 집을 잃은 사람들 중 일부는 내륙의 학교와 공공시설에 마련된 임시 숙소에 수용되었고, 일부가 방사능 오염이 더 높은 지역에 수용되면서 상황은 더 혼란스럽게 됐지만, 두 사고의 영향을 분리하는 것은 가능했다.

지도를 보면 바람을 타고 방사능물질이 옮겨진 곳을 알 수 있지만, 방사능에 관련된 공포는 언론을 타고 전세계로 퍼져나갔다. 이타테촌과 그 주변 반경 20km 구역에 공식적인 대피령이 내려졌고

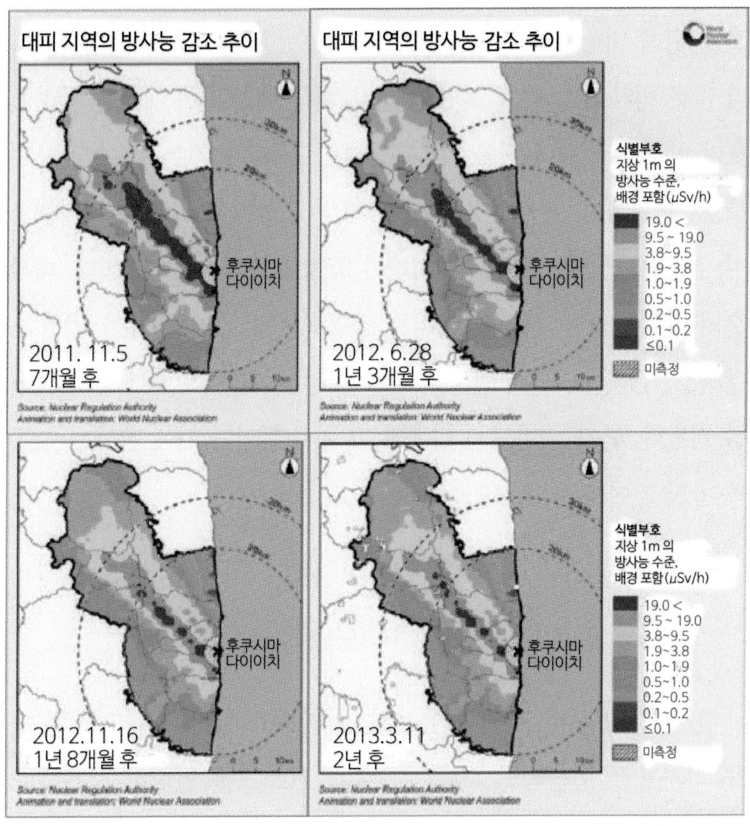

〈그림 3-2〉 후쿠시마 다이이치 주변 지역의 지도는 지상 1m 상공에서 시간당 여러 색으로 보이는 마이크로 그레이 (micro-Gy) 단위의 방사선량 비율을 보여준다. 적색 영역은 시간당 19micro-Gy 또는 월 21mGy 이상을 나타내며 네 개의 지도는 사고 이후 다른 날짜에 대한 것이다. 점선으로 된 원은 발전소에서 20km, 30km 떨어진 곳을 표시한다.[WNA(세계 원자력 협회)의 허락하에 복제]

훨씬 더 넓은 지역에서 상당히 자발적인 탈출이 있었다. 그 결과 부유한 집안 아이들의 학교 출석율이 떨어졌다. 자발적 대피를 조장하는 비공식적 뉴스들은 사람들에게 이 소식을 보는 대로 안전지대로 대피할 것을 권장했으며, 정말로 쉽게 도망칠 수 있는 사람들은 그렇게 했다. 심지어 약 150km 떨어진 도쿄에서도 많은 사람들이 대피했다. 많은 외국인들은 충동적으로 행동했고 절대 안전을 위해 비행기에 탔지만 그대로 머물렀을 경우보다 비행기에서 더 많은 방사능을 받게 되었다. 많은 외국 대사관이 대피를 장려했으며 일부는 직원 전체를 일본의 다른 도시로 옮기는 등 나쁜 사례를 보였다. 일부 관료들은 무엇을 피해 도망가는지 전혀 무지했으며, 은근슬쩍 도쿄에서도 대피해야 할지 모른다는 말을 했다. 대부분의 일본인들은 참고 기다리는 전통의 가르침대로 남아 있었다. 발전소 직원들은 세계 언론의 비난을 감수하면서도 자신들의 자리를 지켰다. 역사는 반드시 그들과 그 가족들의 용기에 감사를 기록해야 할 것이다.

공포를 부추기는 보여주기식 보호복

한편, 감명을 주고 싶어 했는지, 관리들과 시찰나온 고관들, 언론 기자들은 인상적인 흰색 보호복과 마스크를 열심히 착용했다. 그들의 우스운 행동은 텔레비젼의 좋은 뉴스거리가 되었고, 사고에 대해 무언가 하고 있다는 것을 보일 필요가 있는 그들의 권위적인 이미지를 돋보여 주었다. 그러나 그들은 학교 운동장을 물끄

러미 바라보고 있는 어린이와 그 엄마를 위해서는 아무 일도 하지 않았다. 학교 운동장에서는 방사능이나 방사선이라는 보이지도 않고 설명할 수도 없는 악을 구실로, 보호복을 잘 차려입은 인부들이 표토를 긁어내고 있었다.

악이라고 여겨지는 존재가 실제로 전혀 해를 끼치지 않을 때 상황은 더욱 악화될 뿐이다. 이 피해는 잘 차려입은 인부들의 이미지가 자아내는 두려움에서 오는 것이며, 또한 아이들을 밖에서 자연스럽게 놀도록 두지 않고 실내에 가두어 두는 데서 오는 것이다. 불행하게도 대다수 주민들은 인부들과 관리들이 이런 식으로 잘 차려입고 있을 때 자신들의 공포가 사실이라고 느낀다. 단추를 두어 개 푼 셔츠를 입고 소매를 걷어붙인 채 건네는 굳은 악수와 차 한 잔이 사람들을 안심시키는 더 좋은 방법이었을 것이다.

인명 손실

사고 직후 처음 몇 시간 안에 원자력 발전소에서 두 명의 사망자가 발생했지만 이 사건은 쓰나미로 인한 익사였다. 방사성 물에 침수된 지하실에서 발을 적신 일부 노동자들은 다리에 베타 화상을 입었지만 곧 치료되었다. 사고 발생 2주 이내에 방사능에 대한 예비 측정을 충분히 시행했는데, 그 결과에 따르면 누출된 방사능은 체르노빌의 방사능보다 상당히 적었고, 또 장기적으로도 사상자가 전혀 없을 것임이 분명하였다. 유감스럽게도 이 사실은 2년이나 발표되지 않았고 상당한 사회적, 심리적 피해가 지속되고 나서 국제 당국에 의해 겨우 인정되었다. UNSCEAR(유엔 방사선영향 과학위원회)는 다음 사실을 언론에 공개했다.

> 2013년 5월 31일 – 2011년 일본 후쿠시마 핵 재앙 이후 유출된 방사능은 일반 대중과 대다수의 노동자들을 병들게 하지는 않을 것이다. 오늘 유엔 과학위원회는 이 내용을 시사하는 보고서를 내놨다. 위원회는 사고 현장에 있던 2만 5천여 명의 근로자 가운데 방사선 관련 사망이나 심각한 영향이 관찰되지 않았으며, 방사선 노출로 인한 갑상선암의 추가 발생 사례도 검출될 가능성이 매우 낮다고 덧붙였다.

체르노빌 사고에 대한 최근 보고서는 체르노빌에서도 다른 유형의 암 발병 증거가 없다는 사실을 확인했다. 후쿠시마에서 방출된 방사선량은 체르노빌보다 상당히 적은 것으로 알려져 있으므로 마찬가지로 후쿠시마에서도 어떤 종류의 암도 발생할 것 같지는 않다. 후쿠시마 노동자와 히로시마와 나가사키 피해자들의 선량을 비교해도 동일한 결론에 도달할 수 있다.

주민들을 해치고 당국을 보호하는 경고

후쿠시마의 심리적 참사

런던 임페리얼 칼리지의 분자 병리학 교수이자 체르노빌 세포은행 이사인 제럴딘 토마스는 실제 피해를 다음과 같이 설명했다.

> 모든 과학적 증거는 아무도 후쿠시마의 방사선 자체로부터 손상를 입을 가능성은 없어 보이지만, 그 방사능이 무슨 일을 할 수 있을지에 대한 우려는 심각한 심리적 문제를 야기할 수도 있다는 것을 시사한다. 그러므로 후쿠시마 방사선으로 인한 건강 위험은 무시할 수 있으며, 어떤 가능한 결과에 대한 과도한 우려가 방사선 자체보다 훨씬 더 위험할 수 있다는 것을 이해하는 것이 중요하다.

이러한 공포는 주로 유엔 산하기구, 특히 UNSCEAR와 ICRP(국제방사선방호위원회)가 내놓은 서투른 국제적 조언으로 야기되었다. 이 기구가 각국 정부에 조언을 한 의도는 대중을 지나치게 신중한 안전 정책으로 달래면서 대중의 공포를 관리하기 위한 것이다. 이것은 실제로 어떤 위험에 관한 과학에 근거를 두고 있는 것이 아니어서 세간의 이목을 끄는 사고인 경우 심리적, 사회적 차원에서 완전히 실패할 수 있다. 이것은 비인간적인 것으로 간주되어야 한다.

후쿠시마 사고는 방사선 재앙은 아니었지만, 그 결과 많은 사람들이 방사선 때문이 아니라 사회적 스트레스로 죽었다. 일본정부에게 조언한 국제기구가 저지른 실수는 이미 체르노빌에서 일어났다는 보고서를 읽어보고 이해한 사람은 아무도 없어 보였다. 이 보고서는 후쿠시마 사고 발생 11일 전인 2011년 2월 28일 UNSCEAR에서 최신판으로 발표한 것이다. 해당 보고서는 체르노빌 사고로 야기된 심각한 혼란은 피해 주민들에게 사회적, 경제적 충격과 큰 고통을 주었다고 거듭 얘기하고 있다.

후쿠시마에 관한 2013년 5월 보고서에 대한 Nature지 기사는 다음과 같다.

> 훨씬 더 큰 건강상 위험이 지진이나 쓰나미, 핵 재앙으로 야기된 심리적 스트레스에서 올 수 있다. 스토니 브룩 뉴욕 주립대 유행병 심리학자인 에블린 브로메트에 따르면, 체르노빌 사고 이후 피난민들은 주민 전체보다 외상 후 스트레스 장애(PTSD)를 경험할 가능성이 더 높았다. 후쿠시마의 경우, 그 위험성은 더욱 클 수도 있다. 후쿠시마 의대에서 주관한 조사 대해서, 에블린은 "나는 이같은 PTSD 설문 결과를 본 적이 없다"고 말했다. 사람들은 "몹시 두려워하고 있으며 깊이 분노하고 있다. 정보에 관한 한 더 이상 주민들은 누구도 신뢰하지 않았다."
>
> 전반적으로, 그 보고서는 사고 직후 일본 정부가 취한 행동을 신뢰하고 있다. 지역 보건 조사를 이끌고 있는 후쿠시마 의과대학의 야마시타 슌니치 연구원은 이번 조사 결과가 사고 희생자들의 스트레스를 줄이는 데 도움이 되기를 희망한다고 말했다. 그러나 그것으로 정부와 지역 주민들 간의 신뢰를 다시 세우기에는 충분하지 않을 것이다.

위험의 상징들

세계의 관계 당국은 방사선 위험에 대해서 특별한 관심을 끌기 위해 상징을 사용해 왔다. 처음 도입되었을 때의 세잎 클로버 같은 방사선의 상징은 유익했을지 모르지만, 순식간에 그것은 나치를 상징하는 기호와 해적선 기호처럼 사람들을 놀라게 하는 상징이

되었다. 실질적인 위험의 상징으로 사용되던 것이 협박과 정치의 목적으로 오용되었다. 이미 오래전에 그 상징은 교육적 이점을 잃었기 때문에 그 사용은 중단되어야 한다. 많은 사람들에게 기호는 일종의 상징적 저주로 간주된다. 그리고 저주는 안전에 대한 합리적인 도구가 아니다. 예를 들어, 그 상징을 방사성 폐기물에 부착하여 사용할 때 그것은 정보가 아니라 통상 존재하지 않는 큰 위험에 대한 메시지를 전달할 수 있다.

매년 수백만 명이 사망하게 되는 이질이나 다른 수인성 질병은 위험이 훨씬 큰데도 불구하고 그러한 상징을 가지고 있지 않다. 아마도 그것은 제1세계의 문제라기 보다는 제3세계의 문제이기 때문일 것이다. 제1장의 〈그림 1-8-b〉는 제1세계의 경험에서 나온 것으로서 나중에 제1세계 문제의 상징 후보가 될 만한 기호이다.

대피, 정화 및 보상

2011년 10월 후쿠시마를 처음 방문했을 때 생생하게 느꼈던 신뢰의 결여는 2013년 12월에도 똑같이 강하게 느껴졌다. 나는 한 피난민의 소개로 그의 빈 농가와 무성하게 자란 대피 구역의 들판을 둘러보았다. 여전히 3대가 살고 있는 비좁은 임시 숙소를 찾아가 그 지역 카페에서 즐겁게 식사를 하였다. 애초에 그에게는 알코올 문제가 있었지만 어떻게 그때까지 대피 구역의 빈 집과 농장을 점검하는 관리자로서 시간제 일을 하게 되었는지 알게 되었다. 그 덕분에 그는 나를 경계 구역의 잠긴 장벽을 지나 내부로 데려갈 수 있었다(그림 3-3). 나는 오염 제거 작업이 진행 중인 현장(그림 3-4)과 제거되길 기다리고 있는 오염된 표토 더미가 있는 감시소를 보았다.[그림 1-11 참조]

현장을 둘러보고 나서 나를 안내해 준 그 피난민은 정부의 보상금으로 꽤 큰 2층짜리 집을 대피구역 밖에 살 수 있었다는 이야기를 들려주었다. 보상, 그걸 받은 사람도 있고, 받지 않은 사람도 있지만, 그것은 지역 주택시장을 뒤흔들고, 당국의 대피와 정화 처리

〈그림 3-3〉 2013년 12월에 촬영된 피난 구역 출입구

〈그림 3-4〉 2013년 12월에 촬영된 오염된 표토의 제거 현장

에 대한 불신을 가중시킨 불만의 근원이다.

인공 방사선에 대한 공포

사람들은 안전을 찾아 여러가지를 시도하다가 결국은 익숙하고 자연스럽게 보이는 것을 찾게 된다. 아마도, 어떤 알 수 없는 목적으로 변조되었을 가능성이 적어 보이기 때문일 것이다.

그러나 에너지원과 같이 모든 사람에게 영향을 미치는 공동체의 결정을 위해 어떤 선택을 해야 할지는 반드시 증거로써 정당화되어야 한다. 핵 에너지와 관련해서 우리는 환경의 자연 방사능이 원자력 발전소에서 방출될 수 있는 인공 방사능보다 자비로운지 물어봐야 한다.

방사능은 자연계 어디에나 존재한다. 현대 우주론은 138억년 전 빅뱅 이후 우주는 방사선으로 충만했고 유일하게 존재하는 원소는 수소와 소량의 헬륨 뿐이었다고 가르친다. 지금 우리 주변에 보이는 모든 물질들은, 우리 자신도 그러한 물질들로 만들어진 것이지만, 빅뱅 후에 일어난 별들의 폭발로 생긴 핵폐기물이다. 적어도 우리 은하는 최근 핵 활동이 눈에 띄게 조용해졌지만, 우주의 다른 곳에서도 잠잠해진 것은 확실히 아니다. 그곳에서는 핵 활동이 광범위하게 진행되고 있다. 허블 망원경이나 다른 고성능 망원경이 보내주는 거대한 폭발과 격렬한 충돌의 놀라운 사진들에서 이것을 볼 수 있다.

이것을 보고 우리는 운이 좋았다고 생각한다면 60억년보다 훨씬 이전에 모든 화학 원소가 핵폐기물로서 생성된 다음 발생한 붕괴열을 잊어서는 안된다. 오늘날에도 가장 오래 지속되기는 하지만 자연적으로 불안정한 방사성 원소가 아직 있다. 우라늄, 토륨 및 칼륨-40이 바로 그것인데, 수십억 년으로 측정되는 반감기를 통해 붕괴하고 있다. 그렇게 오랜 시간이 흘렀으니 이 원소들은 자연적이고 무해하다고 생각할 수도 있다, 하지만 그들이 방출하는 에너지는 지구 내부의 열원이다. 이것이 바로 후쿠시마에서 문제를 일으킨 열과 같은 붕괴열이다. 그것은 아이슬란드, 옐로스톤 국립공원 등지의 모든 지열의 원인이기도 하다. 그것은 로마시대부터 매우 유명했던 영국과 독일 바덴의 온천 뿐만 아니라 일본 문화에 매우 중요한 뜨거운 샘물인 온천에 열과 방사능을 제공한다. 오늘날 전 세계 7만 5천 명의 환자들이 이러한 시설에서 라돈 치료를 받고 있다고 한다. 좀 더 일반적으로 말하자면, 방사능은 지구의 지각판의 운동을 일으키는 에너지를 제공한다. 그 결과 또 화산과 지진과 쓰나미를 일으킨다.

사실 이러한 지구의 핵 붕괴열은 자연적이기는 하지만 2011년 3월 일본에서 1만 8800명의 사망을 초래했다. 반면에 인간이 만든 후쿠시마 다이이치 원자로에서 방출된 방사능은 단 한 명의 사망자도 발생시키지 않았다. 이것은 인간이 만든 또는 인공적인 것이 자연에서 생성된 것보다 얼마나 더 안전할 수 있는지를 보여준다. 더우기 인공적인 것은 인간에게 필요한 규모에 맞추어 설계하여 나름대로 혜택을 누릴 수가 있다. 그렇지만 방사선의 원천이 자연이냐, 인공이냐 하는 것 사이에 진정한 본질적인 차이는 없다. 유일한 차이가 있다면 단 하나,

규모일 뿐이다.

신체 내부 방사능 위험에 대한 질문들

일본 사람들은 가정에서 특히 청결에 많은 신경을 쓰기 때문에, 집 주변의 방사능 오염 가능성에 대해 염려를 많이 한다.

더구나 정상적으로 씻어낼 수 없는 몸 속의 방사능 오염을 생각하면 더욱 불안해진다. 내부 피폭 방사능이 암 발생의 원인이 되지 않을까 우려하는 것이다. 일본 사람들은 후쿠시마 사고로 피폭된 방사선량에 대해 과연 어떤 생각을 하고 있는 것일까? 내부 피폭이 위험하다고 하는데 그에 따른 피해자는 왜 나타나지 않는 것일까? 방사선 피폭 희생자에 대해 왜 아무 소식도 듣지 못했을까?

후쿠시마 다이이치 핵발전소 사고를 깊이 살펴 보면, 발전소 사고에서 유출된 방사능으로 인한 암 발생 가능성에 대해 알아야 할

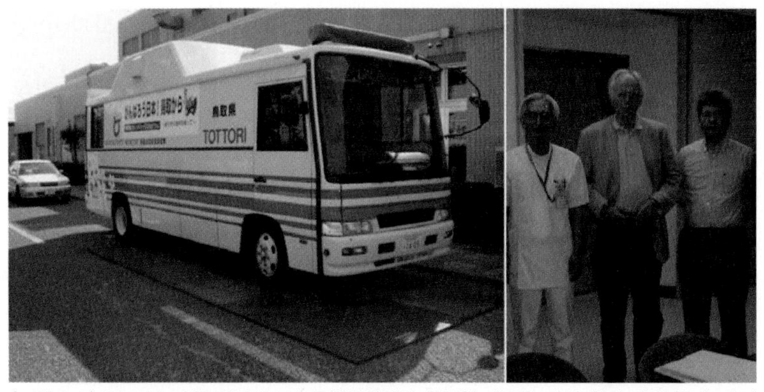

〈그림 3-5〉 2011년 10월 미나미소마 종합병원에서 촬영한 새로운 전신 측정 장치 (우측 사진 중앙 인물이 필자)

것이 무엇인지 드러난다. 후쿠시마 사고 이후 지역주민의 방사선 내부 오염 조사를 위해 광범위한 촬영이 시행됐다. 대부분의 측정 활동은 이동식 전신 방사능 측정 장치로 이뤄졌다. 〈그림 3-5〉는 내가 2011년 10월 미나미소마 종합병원을 방문하여 찍은 사진이다.

방사선 안전은 여러 학문 분야와 관련되어 있다

후쿠시마 사고의 사회적 경제적 결과는 심각했지만, 일본뿐만 아니라 세계적으로도 충분히 막을 수 있는 재난이었다. 방사능이 생명에 심각한 의학적 영향을 미치지 않음에도 불구하고 왜 일본과 국제 당국자들은 이 사고에 그토록 겁을 먹었을까? 먼저 방사능이 심각한 의학적 영향을 끼치지 않는다는 사실이 어떤 특별한 경우가 아니라 일반적으로 타당한 것인지 확인할 필요가 있다. 핵발전소 운영 과정에서 나오는 어마어마한 에너지를 감안하면, 건강에 미치는 방사선의 영향이 아주 미미하다는 사실, 심지어 낮은 선량의 경우 방사선이 도리어 유익하다는 사실은 매우 경이로운 것이다. 이것은 핵 에너지와 그 물리적 효과에 전문지식을 가진 대다수 물리학자나 공학자들에게도 정말 놀랄만한 일이며, 쉽게 수긍될 수 없는 일이다. – 물론 이런 현상은 관련 의학이나 방사선 생물학에 정통한 사람이 거의 없기 때문이다. 바로 이 학문간의 단절이 문제의 일부이다. 이것이 지난 60년간 방사선 보호 기준에 극도의 신중함을 유지해 온 한가지 이유이다.

마리 퀴리는 1934년에 사망했고, 당시 사용된 안전 기준은 다른 기준으로 대체되었다. 즉 그 기준은 대중의 우려를 감안해서 물리학자들의 묵인 아래 합리적인 기준보다 천 배나 더 엄격하게 설정되었다. 이러한 관점들 간의 극명한 차이는 뒷 장에 제시된 자료와 간단한 과학적 이해를 통해 해결되어야만 한다.

CT 촬영으로 인한 방사선 공포

전리 방사선의 투과력은 그것이 발견된 이래 지금까지 환자의 신체 내부를 촬영하는 데 사용되어 왔다. 그 예로 초기의 간단한 X선 검사와 최근의 CT 촬영을 들 수 있다. 이제 이것들은 전리 방사선을 사용하지 않는 자기공명영상(MRI)과 초음파 스캔에 보조적으로 사용된다. 이러한 방법들이 서로 어우러져 암을 포함한 많은 증상들의 조기 진단에 기여했으며, 기대수명을 크게 증가시킨 현대 의료 체제의 일부를 이루고 있다. 골절된 뼈나 충치, 이물질 등은 대부분 아주 소량의 전리 방사선을 이용해 안전하고 또 적은 비용으로도 쉽게 발견할 수 있다. 좀 더 뚜렷한 영상이나 식별이 필요할 경우에는 방사선량을 늘리면 된다.

수년에 걸쳐 이 방법은 몇분의 1 밀리미터의 해상도로 3D 해부사진을 구현하는 정도까지 발전되었다. 3D 기능성 영상들은 환자에게 수명이 짧은 방사성 동위원소를 주사하여 촬영하는 장치인 PET 및 SPECT 스캔으로 만들어진다. 이 장치들은 모두 핵 의학으로 분류되며, CT촬영과 거의 같은 방사선량을 전달한다.

오늘날 많은 암들이 외과적 수술없이 치료되고 있으며, 일반적인 치료는 화학요법과 고선량 방사선 치료(HDRT, 보통 간략히 방사선 치료(RT)라고 한다)를 병행한다. 많은 경우에 여기에 사용되는 방사선량은 CT 촬영보다 수백 배 높고 한 달 또는 몇 달 동안 매일 조사(照射)할 수도 있지만, 치료 후 경과는 아주 좋다.

진단용 CT 촬영에 사용되는 저선량 방사선의 위험에 대한 대중매체의 공포는 근거가 없으며, 일반적으로 의학 전문가들이 신뢰하지 않는 자료에 근거한 것이다.

앞으로 우리는 이 허위로 꾸며낸 방사능 괴담을 뒷받침하는데 이용된 LNT 가설을 살펴볼 것이다. 이 가설이 왜 전문가들에게 신뢰받지 못하는지, 그런데도 왜 여태까지 특정 부류의 과학자들에게는 심각하게 받아들여지고 있는지에 대해서도 살펴볼 것이다. 여기서는 방사선 치료 과정에서 매우 높은 선량을 투여 받은 환자들이 대개 치료가 끝난 후 의료진들에게 감사함을 표하며, 남은 여생을 즐길 수 있는 좋은 기회를 안고 집으로 돌아간다는 점을 지적해 둔다.

현대 의학의 장점이 이러할진대 두려움 때문에 훨씬 낮은 선량의 CT 촬영을 거부하는 것은 매우 어리석은 일이다. 증상이 나타났을 때 CT촬영을 거부함으로써 진단을 놓친 종양의 위험은 촬영 자체의 작은 위험보다 훨씬 크다. 물론 CT촬영 비용도 아무 이유 없이 받아들여져서는 안 된다. 이것은 마치 걸어서 건너도 안전하다고 한 말을 고속도로를 반쯤 건너가서 앉아 있어도 된다는 뜻으로 여겨서는 안 되는 것과 같다. 우리가 알고 있듯이 상식은 항상 적용되어야 한다. 그리고 그 상식은 방사선의 안전에도 마찬가지다.

폐기물, 비용 그리고 상충되는 관심사들

폐기물의 비교

조금만 조사해 보면 불합리하다는 것을 알 수 있음에도 불구하고 고준위 핵폐기물에 대한 우려는 핵 에너지에 대한 전반적인 우려 항목 중에 상위에 자리잡고 있다. 다른 기술과 마찬가지로 원자력 발전은 폐기물을 발생시키기 때문에 안전 훼손이나 환경 파괴를 방지하기 위한 전략이 필요하다. 여러가지 기술과 그 폐기물은 다음과 같은 기준으로 비교할 수 있다 :

- 폐기물은 독성이나 전염성이 있는가;
- 그 양은 많은가;
- 폐기물은 재처리 가능한가;
- 독성은 시간 경과에 따라 사라지는가;
- 통상적으로 환경에 배출되는 폐기물은 가스인가 아니면 액체인가;
- 용해성이 있고, 쉽게 분산되는가;
- 그것이 고체라면 쉽게 보관할 수 있는가;
- 다른 가치 있는 용도는 없는가 등이다.

좀 더 간단히 말해서, 인간 활동으로 생성된 세가지 폐기물 유형을 비교해 보자. 즉, 연소성 폐기물, 개인적 생물학적 폐기물 그리고 고준위 방사성 폐기물을 비교해 보자.

연소성 폐기물은 재와 이산화탄소로 구성되어 있다. 제1장 〈그림 1-9〉에서 왼쪽 금속용기는 각 개인이 매일 대기로 방출하는 질량이다. 여기에는 가스, 기름, 석탄의 연소 부산물과, 운송, 난방 및 전기발전에 사용된 후 나오는 부산물도 포함된다. 그 결과에 대한 정확한 시간 척도가 다소 불확실하지만 대기 중의 이산화탄소가 꾸준히 축적되고 있다는 것을 잘 보여준다. 어쨌든 화석연료의 연소로 인한 오염물질의 방출은 통제를 벗어나 지구상의 모든 생명체를 위협하고 있다.

생물학적 폐기물은 가정과 더 밀접하며 아이들에게 어릴 때부터 가르쳐 왔다. 그 처리는 개인의 책임이다. 그 폐기물에 악취를 풍기게 함으로써 – 아마도 진화 과정에서 선택된 것 같다 – 누구에게나 (동물도 마찬가지다) 환경에 함부로 방출하지 못하도록 선을 긋는다. 재원이 있는 곳에서는, 이 폐기물을 물로 씻어낸다. 그러나 이 방법이 실패하고 그 폐기물이 식수나 먹이 사슬에 도달하게 되면, 폐쇄적인 생물학적 순환고리가 발생한다. 그것은 일단 감염되면 질병을 배양하는 생물학적 연쇄 반응으로 이어질 수 있다. 최근 잘 알려진 예로는 아이티에서 발생한 콜레라 전염병이 있다. 실제로 오염된 물로 전염된 설사 질환 때문에 매년 백만 명에 가까운 어린이가 사망한다. 필요한 투자가 이루어지는 곳에서는, 이 폐기물 처리에 재활용과 자연 부패 과정을 이용한다. 폐수는 여과층에 통과시키고 고형물은 공기 중에 두어 자연적으로 부패시킨 다음 경작지나 목초지에 천연 비료로 뿌린다. 이와 같이 대량의 위험한 폐기물을 간단하게 처리함으로써 귀중하고 안전한 부산물을 얻게 된다. 언론에서도 이를 아무런 논평 없이 받아들인다.

핵 폐기물

핵 폐기물은 생물학적 및 연소 폐기물과 같은 또 다른 폐기물이다. 하지만 핵 폐기물은 두 유형의 폐기물과 달리 치명적인 사고를 일으키지 않았다. 특히 원자력 발전소의 폐기물로 인한 방사능 사망자는 없었다. 그 폐기물 양은 제1장 〈그림 1-9〉의 오른쪽 금속 용기 그림처럼 비교적 아주 적다. 그 이유는 탄소 연료와 비교한 핵의 에너지 밀도와 직접 관련된다. 희석하지 않은 상태에서, 핵은 전기 에너지 1kwh를 생성하는데 탄소연료의 100만분의 1이 필요하며, 폐기물도 100만분의 1을 남긴다. 정확한 비율은 화석 연료의 선택과 핵 연료의 완전 연소 여부에 달려 있다. (그림 1-9의 금속 용기 크기는 현재 대부분의 원자로에 해당하는 약 1%의 연소율을 가정한 것이다.) 그 폐기물은 주로 고형이며 조밀하게 저장할 수 있다. 또 그것은 탄소와 생물학적 폐기물처럼 기본적으로 자연환경에 배출되지 않는다. 핵 폐기물은 생물학적 폐기물과 마찬가지로 재처리가 가능하고, 미사용 연료는 재사용할 수 있으며, 기타 부산물은 화재 경보기에서부터 살균 및 중요한 의료 스캔용 시스템에 이르기까지 모든 종류의 유용한 장치를 제조하는데 사용할 수 있다.

재사용 가능한 연료, 즉 우라늄과, 플루토늄을 포함한 초우라늄은 원소의 수명이 길지만 잔여 핵분열 생성물은 30년 이하의 반감기를 가지고 자연적으로 붕괴된다. 그리고 이것들은 화학적으로 분리가 가능하므로 유리나 콘크리트에 매립해 묻어둘 수 있다. 방사능은 300년 이내에 천분의 1까지 600년 이내에는 100만분의 1까지 감소하여 천연 광석보다 더 안정적인 상태로 변한다. 이러한 방식으로 폐기물을 유리질로 바꾸는 기술은 새로운 기술이 아니며, 수십 년 동안 사용되어온 기술이다.

20억년 된 오클로의 자연 원자로가 남긴 폐기물에서 볼 수 있듯이, 핵폐기물은 광산에 매립하면 600년이 지나도록 안전하게 보관할 수 있다. 테러리스트와 불량국가는 그들이 어떤 수단을 사용하든 위험하다. 그러나 플루토늄은 얼마나 위험할까?

핵 폐기물은 여론에서 혹평을 받았지만 그것은 안전과는 전혀 상관이 없다. 다른 폐기물과 비교해 보아도 매우 좋은 평가를 받는다. 고준위 핵 폐기물에 대해 말할 수 있는 최악의 상황은 무엇일까? 냄새가 나지 않는다고? 사실 그건 그렇게 멍청한 질문은 아니다. 방사선을 탐지하는 생명체의 능력은 중요하며, 우리는 이 내용을 제4장의 〈방사선에 대한 감지〉 절에서 다룰 것이다.

핵 에너지의 비용

비용은 어떨까? 언론은 환호하고 사람들은 바로 그거라고 고개를 끄덕인다. 하지만 한번 생각해 보자 : 그 돈은 다 어디에 쓰이는 걸까? 바로 안전, 보험, 공공 조사 그리고 안전보장 업무 실습 등에 쓰인다. –그것도 견줄 데가 없는 대규모로!

자, 원자력 산업의 절반에 가까운 인력이 안전과 폐기물 및 해체 작업에 종사하고 있으며, 만약 어떤 종류의 위험도 없이 이 사항들을 대폭 축소할 수 있다면 핵 에너지의 비용은 실질적으로 적어도 30%까지 축소될 수 있을 것이다. 그러나 핵에 대한 공포가 전혀 근거가 없고 증가되는 비용이 공익은 아님에도 불구하고, 후쿠시마 사건 이후 더 큰 안전에 대한 대중적 요구로 인하여 비용이 한층 더 증가되었다는 게 사실이다. 궁극적인 문제는 안전이라는 명분으로 원자력 발전소의 과잉 설계를 요구하는 규제 체제이다. 그 이면에는 항상 고용에 대한 갈망, 작업 계약을 확보하려는 기업의 열의, 안전 강화를 위한 언론의 캠페인 등이 있다.

후쿠시마 사고에서 방사선으로 인한 인명 손실은 전혀 없었으며, 비상 발전기를 좀 더 적절한 장소에 설치해야 할 필요성 외에 큰 변화가 필요하지 않았다. 사실, 유일한 실질적 과제는 교육이어야 한다. – 당국은 이것을 깨달아야 하며 대중은 이를 인식해야 한다. 교육은 현실적인 문제를 해결할 것이며 상대적으로 비용도 저렴할 것이다. 그러면 전기 요금은 상승하지 않고 극적으로 하락할 것이다.

하지만 설명을 다 하자면 범위가 꽤 넓다. 일본은 자체 공급되는 화석 연료가 없으며, 그 에너지의 필요성은 20세기 전쟁 원인 중의 하나였다. 이 문제는 1960년대 핵 에너지 도입으로 해결된 것처럼 보였다. 그러나 현재(2015년 8월) 후쿠시마 사고 이후 대중의 신뢰 붕괴에 따른 저항에 따라 50개 핵발전소 중 1개를 제외하고 모두 여전히 폐쇄되어 있다. 이것이 일본의 무역적자와 온실가스 배출에 미치는 영향은 심각하다. 수입한 화석 연료가 감당하는 일본 전기 생산의 비중은 2010년 62%에서 2013년 88%로 증가하였다. 추가로 지출된 연료비는 3조 6000억 엔(352억 달러)이었다. 2013년 무역적자는 11조5000억 엔(1120억 달러)으로 보고되었다. 주로 직·간접적인 추가 연료비 때문이다. 이는 2012년 무역 적자보다 훨씬 많으며 반면에 2010년에는 6조6000억 엔(650억 달러)의 흑자를 기록했었다. 2010년 이후 전기 소비량은 감소했지만 산업용 전력 사용자에 대한 관세부담이 28% 증가했다. 2012 회계년도에 전기 생산으로 인한 CO_2 배출량은 4억 8600만 톤으로 국가 전체 배출량의 36.2%를 차지했다. 2010년에는 3억 7700만 톤으로 전체의 30%였다.

2015년 8월 11일 일본의 1호 원자로가 재가동된 후 다른 원자로들의 재가동이 뒤따를 것으로 예상됐지만, 불합리한 규정의 준수 비용 때문에 대부분 영구 폐쇄되었다. 이러한 상황은 불필요하고 불행한 일이었지만, 주변 세계에도 상당히 큰 영향을 미쳐 다른 나라의 핵 프로그램들이 중단되거나 축소됐다. 이 현상은 관계 당국이 단기적인 여론에 좌우되지 않는 나라에서는 별로 나타나지 않았다. 민주주의 체제에서는 인기에 영합하려는 정치인들의 근시안적 선택으로 핵 규제를 매우 엄격하게 강화하는 경향이 있는데 이는 해당 국가의 경제적 경쟁력을 나락으로 떨어뜨릴 수 있다. 권위주의적 체제에서는 핵발전소에 대한 여론에 그다지 구애받을 필요가 없기 때문에 전기 에너지 자체 뿐만 아니라 새로운 발전소 공급 능력에서도 매우 유리한 위치에 있으며 미래의 경제적 경쟁력에서 큰 이점을 가질 수 있다. 그리고 다음 세기에는 자유 세계의 많은 나라들이 스스로 거부한 경제적 우위를 권위주의 국가들이 차지하게 될 것이다.

핵 원자로의 규모

일반적으로 비용이 비합리적으로 증가한다면, 그 목표나 목표 설정 방식이 잘못된 것이다. 분명, 핵 기술에 대한 비합리적 우려 때문에 비용이 터무니없이 증가됐다. 불안감을 해소하는 것뿐만 아니라 비용까지 절감할 수 있는 방법이 있다. 현재의 핵 원자로 설계는 두가지 이유로 즉, 기술적 및 사회적 이유로 규모가 매우 크다. 그러나 그 규모를 줄인다면 당연히 그 비용을 절감할 수 있다.

핵 발전소의 규모는 대체로 그 규모를 감당할 준비가 된 사회의 수준에 따라 결정된다. 한 마을에 전력을 공급할 소형 발전소와 한 도시용 중형 발전소, 그리고 한 지역용 대형 발전소를 생각해 볼 수 있다. 그러나 해당 지역에서 발전소를 책임지려고 하지 않으면, 그 책임은 상위 당국으로 넘어간다. 하지만 그러한 중앙집중화로 권위가 강화될 것이라는 생각은 잘못이다. 핵 에너지로 생산된 전기의 공급 책임은 계속 상향 이동되고 결국 국제 기관이 개입하는 최고 수준까지 올라갔다. 분산된 책임 정도에 따라, 핵 발전소는 더 작아질 수 있고, 더 저렴해질 수 있으며, 의사 결정과 건설에 필요한 시간도 더 단축될 수 있다. 그러므로 분명히 말하건대,

비용을 줄이기 위해서는 더 많은 책임을 지방자치단체에 위임해야 한다. 핵 에너지는 국제기구까지 나서서 규제해야 할 특별한 경우나 범주가 아니다. 어떤 근거로 그런가? 그것은 정확히 말하자면, 하지 말아야 할 일종의 변명이다,

핵 발전소의 규모가 커진 두번째 이유는 그 작동원리와 관계가 있다. 핵 잠수함은 소형 원자로로 추진되지만, 민간 전기 설비보다 밀도가 높은 고농축 우라늄을 사용한다. 기술적인 세부 사항은 원자로의 중성자와 관련이 있는데, 만약 핵분열성 우라늄의 밀도가 충분히 높지 않을 경우 너무 많은 중성자가 원자로 노심에서 빠져나오거나 핵분열 생성물에 흡수될 수 있다. 그래서 노심을 더 크게 제작하면 누출되는 중성자 수는 줄어들고 효율은 높아진다. 이것이 전통적인 대형 민간 원자로에서 해온 방식이다. 그러나 이 방식이 필수적인지 그리고 소형의 모듈형 원자로(SMR)를 새로 설계하는 것이 실현 가능하고 더 저렴할 것인지는 분명하지 않다. 이것은 현재에도 진행 중인 공학적 논쟁 대상이다.

SMR은 신규 발전소 건설을 어렵게 했던 대규모 현장 건축 공법을 피해 갈 수 있을 것이다. 중요한 기준은 건설자들의 경험이다. 만약 현장에 그러한 발전소를 건설해 본 사람이 아무도 없다면, 설계와 시공의 차질, 예산 초과 및 공사기간 지연 등이 발생할 것이다. 반면에 이전 프로젝트에 참여한 개인적 경험이 있고, 게다가 대부분의 건조물이 외부에서 조립된 모듈을 포함하고 있다면, 반복 생산의 경제로 인해 비용과 신뢰성 및 안전성 측면에서 많은 이익이 될 것이다.

핵 폐기물 관리 방식에서도 비용을 줄일 수 있다. 경쟁과 시장

원리가 고압적인 규제에 구속되지 않고 제대로 작동할 때 새로운 디자인이 경쟁력을 확보해 시설 확보 비용을 낮출 수 있을 것이다. 다른 산업과 마찬가지로 적절한 안전 규제는 필수적이지만, 종사자에게 정보를 제대로 제공한다면 핵 위험을 특별하거나 별종으로 취급할 이유가 전혀 없다.

제4장

흡수방사선과 손상

사람에 대한 호기심은 줄이고 발상에 대한 호기심은 늘려라

마리 퀴리

전리방사선의 근원

방사능의 발견

1896년, 앙리 베크렐이 방사선과 방사능을 발견했을 때 그는 실제로 무엇을 관찰했을까? 그는 햇빛에 노출되었던 여러 소금 결정체에서 방사선 즉 "형광"이 방출되기를 기대했다. 그는 두꺼운 검은 종이로 싼 사진판 위에 소금을 얹고 구멍이 난 금속판 밑에 놓았다. 2월 26일과 그 다음 날, 그는 태양이 빛나지 않아 실험을 포기하고 사진판과 소금을 어두운 서랍에 함께 넣었다. 3월 1일, 그는 희미한 실루엣만 존재할 거라 기대하며 판을 현상했다. 놀랍게

도 그가 발견한 것은 그 다음날 발표했던 것처럼 매우 강한 화면 이미지였다. 햇빛은 아무런 영향도 끼치지 않아 형광은 아니었다. 하지만 어찌된 일이었을까? 소금은 X선처럼 사진판에 광선을 내뿜고 있었다. 그러나 보통 X선은 전기에너지를 공급받는 정교한 기구같은 근원에서 나온다. 하지만 소금에는 아무 것도 없었다. 앙리 배크렐은 고민 끝에 소금을 '방사선원'이라고 부르기로 했다. 물리학자들은 뚜렷한 원인 없이 에너지가 나타나거나 사라지는 것처럼 보일 때 굉장한 흥미를 느낀다. 분명, 새로운 일이 일어나고 있다고 생각했고 실제로도 그랬다.

100여 년 전 베크렐도 그랬듯이, 익숙하지 않은 사람들에게 방사선은 여전히 신기한 것일 수 있다. 하지만 이제 우리는, 방사선이란 어느 날 불쑥 나타난 것이 아니라 일상적 경험의 일부가 되어 있다는 걸 알고 있다. 방사선이란 운동 중에 있는 에너지를 총칭하는 말이며, 보통은 '선원'이라고 부르는 아주 작은 영역에서부터 퍼져나가는 모든 종류의 에너지를 의미한다.

방사선은 사람들이 말할 때 나오는 음파일 수도 있고 휴대폰의 전파나 움직이는 배 주변의 파동일 수도 있다. 이것들은 무해해 보이지만 사실 위험성은 그 파동이 얼마나 큰가에 달려 있다. 쓰나미는 해저가 갑작스럽게 움직일 때 나오는 물의 파동일 뿐이지만 해안에 도달했을 때 파동은 피해를 입힐만큼 충분히 커진다. 마찬가지로, 높은 에너지를 갖는 음파는 해변의 파도처럼 에너지를 쏟아내어 인간의 세포 조직을 파괴할 수 있다. 신장결석을 제거하고 종양과 암을 치료하는데 고주파가 사용되기도 한다. 이처럼, 약한 파동은 무해하지만 강한 파동은 어떤 종류이건 상관없이 손상을 일으킬 수 있다.

하전입자와 전자기파

그러나 베크렐이 발견한 전리방사선 또는 핵 방사선이라고 부르는 방사선은 음파도 물의 파동도 아니다. 우리 주변에는 알파선, 베타선, 그리고 감마선이라고 하는 세가지 다른 파동의 방사선이 있다.

좀 엉성한 표현이지만, 알파와 베타는 하전입자의 흐름이다. 알파 입자는 전시용 풍선을 띄울 때 사용하는 가스인 헬륨의 핵과 동일한 핵자로, 즉 양성자 2개와 중성자 2개로 구성된다. 베타 입자는 빠른 전자이고 감마는 빛과 같은 전자기파(EM)이지만 더 큰 에너지를 갖고 있다.

하지만 놀랍게도, 빛을 포함한 모든 방사선의 에너지 흐름은, 에너지 비트의 수와 각 비트가 가진 에너지라는 두 가지 요소로 결정된다. 알파의 경우, 헬륨 핵자의 수와 각 핵자가 지닌 에너지의 양이며, 베타는 전자의 수와 각 전자의 속도에 따른 운동에너지이다. 빛과 감마선도 유사한데, 각각의 비트는 광자 또는 양자라고 부르고 각 양자의 에너지를 합하면 총에너지가 된다. 빛의 색상을 포함한 빛의 작용은 양자 에너지에 달려 있다. 예를 들어, 붉은빛 양자의 에너지는 푸른빛의 양자 에너지의 절반인 반면, X선의 양자 에너지는 (푸른빛 양자 에너지보다) 1,000배 이상 크다. 그리고 감마

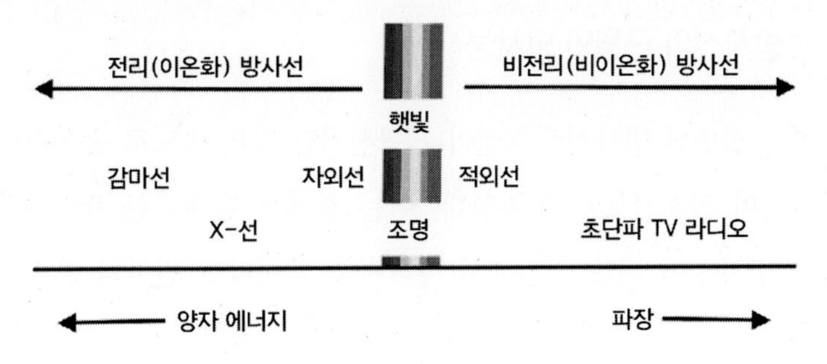

〈그림 4-1〉 방사선 스펙트럼 영역의 도식도
파장은 오른쪽으로 갈수록 길어지고 (양자 에너지 감소),
주파수는 왼쪽으로 갈수록 증가한다 (양자 에너지 증가).

선은 더 크다. 빛의 밝기는 총 에너지에 따라 결정된다. 이는 강물의 에너지가 얼마나 많은 양과 속도로 흐르는지에 따라 달라지는 것과 유사하다.

방사선 각각의 개별 광자나 하전입자가 분자에 부딪쳤을 때 그 분자가 부서지거나 이온화(전리)될 수 있는 충분한 에너지를 가지고 있을 때 전리방사선이라고 한다. 즉, 이온화 여부는 총 밝기가 아니라 개별 광자나 전자의 에너지에 따라 구분된다.

1905에 발표한 아인슈타인의 논문에서는 이런 내용을 빛의 양자 이론으로 설명했고 그는 이 논문으로 1922년 노벨상을 받았다. 이 양자 이론은 발표된지 100년 이상 되어 철저히 확립된 이론임에도 불구하고 대중 매체는 마치 이 이론이 불가사의하며 논란이 남아있는 것처럼 취급하고 있음에 주목할 필요가 있다.

방사선의 근원인 방사능

앞서 설명한 방사선은 X선이나 광선처럼 빛의 속도로 순식간에 전달되며 일직선으로 이동한다. 이는 물체를 통과하는 것이지만 만약 방사선이 어느 지점에서 에너지를 뿌린다면 원자와 분자를 손상시키는 지속적인 효과를 남기게 된다. 우리가 연구해야 할 것은 생명체에 영향을 미치는 바로 이 손상이며, 에너지를 뿌리지 않고 통과하는 방사선은 인체에 무해하다.

방사선이란 이 모호한 용어는 대중매체에서 종종 방사능과 혼동되어 사용된다. 방사능은 베크렐의 소금처럼 방사선을 방출하기 쉬운 원자를 가리킨다. 불안정한 방사성 원자는 어느 시점에서 무작위로 한번 방사선을 방출한다는 것을 제외하면 비활성 원자와 거의 구별되지 않는다. 그리고 에너지를 방출한 후에는 에너지 준위가 낮아져서 방사선에너지를 다시 방출할 수 없다. 그런데 방사선 방출 시점의 무작위성은 무언가 알려지지 않은 것이 있다는 것처럼 보인다.

하지만 이는 양자역학 즉 현대 물리학의 일반적인 특징이다. 양자역학은 초당 붕괴 확률을 정확히 알려주지만 붕괴 시점은 알려주지 않는다. 각각의 핵은 붕괴 과정에서 방사선을 방출하고 딸핵을 남긴다. (딸핵은 보통 안정적이지만 일부는 그 자체로 방사능을 띠기도 한다.) 불안정한 핵은 한 번 붕괴할 수 있는 추가 에너지를 가지기 때문에, 특정 시점에서 한 원자 집합 속의 붕괴 가능한 핵의 수는 아직 붕괴하지 않은 핵만 포함된다. 시간이 지남에 따라,

붕괴 회수는 이러한 방식으로 점차 줄어든다. 그 결과 유명한 지수 붕괴 곡선이 만들어진다. 반감기는 원자의 절반이 붕괴하는데 걸리는 시간이므로 세 번의 반감기가 지나면 최초 원자의 8(=2^3)분의 1이, 열 번의 반감기가 지나면 최초 원자의 1천분의 1만 남게 된다. [정확하게는 1024(=2^{10})분의 1이다]

방사능의 예 : 탄소-14

방사능의 한 예로는 방사성 탄소-14가 있다. 대부분의 탄소 원자는 탄소-12이며 탄소-14는 두 가지 차이점을 제외하고, 모든 면에서 탄소-12와 동일하게 작용한다. 그 첫번째 차이점은 탄소-14는 중성자 2개를 추가로 가지고 있어 14:12의 비율로 살짝 더 무거운 것 말고는 다른 영향은 거의 없다. 두번째로, 탄소-14는 일정한 속도로 무작위로 붕괴된다. 즉 5,700년 동안 핵의 절반이 질소-14로 변한다.

우주 입자들이 대기 상층에 부딪힐 때 소량의 새 탄소-14가 생성되어 보통의 비방사성 탄소와 섞인다. 그래서 자라거나, 살아있는 것은 모두 약 10^{12}개의 탄소-12 원자 당 1개의 탄소-14 원자를 가지고 있다. 그러나 석탄과 석유는 수백만년 동안 매장되어 있던 탓에 탄소-14 핵이 모두 붕괴해 버려 이 비율이 해당되지 않는다. 생물은 죽으면 그 즉시 음식섭취와 성장을 멈추고 탄소-14의 비율은 감소하기 시작한다. 실제로 우리는 남아 있는 탄소-14의 양으로 생명체의 나이를 추정하기도 하는데 이를 방사성 탄소 연대 측정이라고 한다.

예수 그리스도의 유품이라고 추정되었던 토리노 수의의 제작 시기를 측정하기 위해서도 이 방법이 사용되었는데 그 결과는 AD1275-1290년 즉, 훨씬 근대의 것으로 판명되었다. 또, 4000년 동안 고산 빙하에 얼어 있었던 아이스맨의 예도 있다. 탄소 연대 측정은 가짜 빈티지 와인과 위스키를 구별하는데도 사용될 수 있다.

만약 당신의 체내에서 탄소-14로 인한 방사능이 측정되지 않는다면, 모든 고고학자들은 당신이 50,000년 이상 죽어 있었다고 확언할 것이다. 그만큼 방사능을 띠는 것은 살아있다는 건강의 증거이지 걱정거리가 아니다. 그러면 우리 각자가 얼마나 방사능을 띠는지 계산해 보자.

인간의 신체는 50% 이상이 물이며, 대략 나머지의 절반, 곧 25%가 탄소이다. 우리 몸 1kg당 보통 탄소원자의 수는

$1{,}000$(g, 1 kg) $\times 6 \times 10^{23}$(탄소 12g 중의 원자수) $\times 0.25 / 12$

$= 1.25\times10^{25}$개이다.

이중 10^{-12}개만 탄소-14이므로, 탄소-14의 수는 1.25×10^{13}.

평균적으로 이들이 붕괴하는 시간은

$5{,}700\times3.1\times10^{7}$(1년당 초) $/ \ln2 = 2.5\times10^{11}$ 초. ($\ln2=0.6931$)

따라서 초·kg 당 붕괴하는 회수는

$1.25\times10^{13} / 2.5\times10^{11} = 50$ 회/초·kg = 50 Bq/kg.

(※ 베크렐(Bq)은 초당 1회 붕괴하는 방사능 단위이다)

이와 같이 우리 몸에서 탄소-14의 붕괴 회수는 대략 "kg당 약 50베크렐"로 계산된다. 체내에서 방출되는 개개의 방사선을 모두 검출할 수 있다면, 체중이 70kg인 경우 계측기에서 초당 약 3,500회 측정될 것이다. 그러나 실제로 탄소-14가 붕괴할 때 나오는 베타선은 비정(飛程)이라고 하는 도달거리가 매우 짧은 전자여서 기기에 도달하는 방사선은 거의 없고, 측정도 거의 될 수 없을 것이다.

칼륨-40과 삼중수소

모든 사람의 몸에는 또다른 방사선원인 칼륨-40이 존재한다. 칼륨-40은 높은 에너지의 방사선을 방출하기 때문에 더 멀리 뻗어나가고 탐지하기 쉽다.

칼륨-40은 1kg당 61 Bq의 방사능을 추가하므로 사람 몸의 총 방사능은 성인 기준으로 대략 7,400 Bq이다. 초당 7,400개의 핵분열이 사람 몸에서 일어난다는 것이다. 하지만 이는 생명체가 시작된 이래 계속되어온 것으로 전혀 위험하지 않다. 요점은 방사능은 그저 방사선의 잠재적 근원일 뿐이라는 것이다. 에너지 전달이 지연된 방사선은 더 오래 동안 퍼져 나간다. 그렇다면 전달이 지연될 때와 지연되지 않을 때, 어떤 경우가 더 위험할까? 답은 지연되지 않을 때이다.

삼중수소는 후쿠시마의 뉴스를 장식해온 방사성 동위원소다. 삼중수소는 수소의 동위원소로 두개의 중성자를 가졌으며 정상적

붕괴	에너지 (MeV)※	주요 붕괴 유형	방사성 반감기 (초)
3중수소, H-3	0.018	베타	3.9×10^{8} 또는 12 년
탄소-14	0.16	베타	1.8×10^{11} 또는 58,000 년
포타슘-40	1.32	베타, 감마	4.1×10^{16} 또는 1.3×10^{9} 년
코발트-60	1.17 + 1.33	베타, 감마	1.6×10^{8} 또는 5.3 년
스트론튬-90	0.54 + 2.28	베타	8.8×10^{8} 또는 28 년
요드-131	0.97	베타	6.9×10^{5} 또는 8 일
세슘-134	2.0	베타, 감마	6.6×10^{7} 또는 2.0 년
세슘-137	1.18	베타	9.5×10^{8} 또는 30 년
폴로늄-210	5.3	알파	1.2×10^{7} 또는 0.39 년
라돈-222	5.5 + 6.0 + 7.7	알파	3.3×10^{5} 또는 0.01 년
라듐-226	4.8	알파	5×10^{10} 또는 1600 년
토륨-232	4.0	알파	4.5×10^{17} 또는 1.4×10^{10} 년
우라늄-238	4.27	알파	1.4×10^{17} 또는 4.5×10^{9} 년
플루토늄-239	5.24	알파	7.7×10^{11} 또는 25,000 년

〈표 4-1〉 자주 논의되는 방사성 동위원소.

여러 개의 에너지가 주어진 경우, 연속되어 일어나는 붕괴이므로 각 에너지를 합산한다.

으로는 수소-3라고 불러야 하지만 삼중수소라는 특별한 이름을 갖고 있다. 삼중수소는 붕괴 전까지는 정상적인 반응에서 더 무겁고 느리다는 점을 제외하면 중수소(수소-2)나 다른 수소 동위원소와 똑같이 작용한다. 삼중수소에 대한 우려는 후쿠시마에 관한 대중매체의 단골 기사가 되었다. 삼중수소는 핵분열 과정의 부산물이거나, 또는 물 속의 수소가 추가로 중성자를 포획하여 만들어지

※ (편집자 주) 일 또는 에너지의 크기를 측정하는 단위로는 줄(Joule)을 사용한다. 1줄은 1kg의 질량을 (초당(s) 1m의 가속도를 갖는) 1뉴톤(N)의 힘으로 1m 이동하는데 드는 일 또는 에너지의 양이다. 즉, $1\ J = 1\ N{\cdot}m = 1\ kg{\cdot}(m/s^2){\cdot}m$ = 9.8kg중·m $= 1\ kg{\cdot}m^2/s^2$이다. 또 초당 사용되는 일 또는 에너지 양을 가리키는 일률, 즉

는 생성물이기 때문에, 원자로가 정지되었을 때에는 절대 만들어지지 않는다.

삼중수소의 선량은 얼마나 위험한가? 월당 mGy로 측정된 방사선량율이 미치는 영향은 방사선원의 종류와는 거의 무관하다. 다만, 알파가 베타, 감마보다 다소 더 큰 손상을 주는 차이가 있을 뿐이다.

위의 〈표 4-1〉에서 보듯이, 삼중수소의 붕괴에너지는 세슘-137의 100분의 1이고 탄소-14에 비해서는 10분의 1에 지나지 않는 적은 베타방사선을 방출한다. 따라서 동일한 방사선량율(mGy/월)을 전달하기 위해서는 Bq 단위로 세슘-137보다 100배 많은 삼중수소가 필요하다. 그러므로 세슘-137이 건강에 미치는 영향을 식별하기 어렵다면 삼중수소가 미치는 영향을 파악하기란 더더욱 어려울 것이다.

에너지율의 단위는 와트(W)를 사용한다. 즉, 1 W = 1 J/s이다.

방사선량은 1 kg당 흡수된 에너지로 측정하며, 그 단위는 J/kg로 나타내는 선량단위와, 이것을 초로 나누어 초당 선량 즉 선량률을 나타내는 W/kg 단위가 있다.

1 kg당 1 J의 선량을 루이스 헤럴드 그레이의 이름을 따서 그레이(Gy)라고 한다. 즉, 1 Gy = 1 J/kg이다. 환경 선량을 나타낼 때는 주로 그 1/1000인 밀리그레이(mGy)를 사용한다. 연간 선량은 1년동안 받은 Gy(또는 J/kg)로 계산하며, 1년을 초단위로 환산하여 (대략 3천 1백만으로 나누어) 초당 Gy 선량률을 얻는다.

일상의 전기 에너지에 대해서 1 줄(J)은 1암페어(A)의 전류가 1볼트(V)의 전위차를 1초동안 흐를 때 소비되는 에너지로 정의된다. 즉, 1 J = 1 A·V·s = 1 W·s이다.

그러나 전자 세계에서는 이 줄(J) 단위가 너무 크므로 1볼트(V)의 전위차로 가속한 하나의 전자가 얻은 에너지를 나타내는 전자볼트(eV)를 사용한다. 1 eV = 1.6 × 10^{-19}줄(J)이다. 그런데 일반적으로 원자핵 에너지는 전자 에너지보다 100만배 크므로 메가전자볼트(MeV)를 사용한다. 1 MeV = 1.6 × 10^{-13}줄(J)이다.

이 값도 일상적인 규모로는 작지만 하나의 원자 규모에서는 어마어마한 값이다.

선형성과 그 적용가능성

초기 방사선 손상

〈그림 4-1〉의 왼쪽에 있는 광자 스펙트럼의 이온화 영역에서는 두 가지의 중요한 변화가 뚜렷하게 나타난다.

첫째로, 자외선을 흡수하는 영역의 왼쪽에서는 물질이 점점 투명해지는데, 이는 방사선이 흡수되기 전에 살아있는 조직 깊숙이 침투할 수 있고, 심지어 반대쪽으로 바로 통과해 밖으로 나갈 수도 있다는 것을 의미한다. 이는 X선과 감마선이 의학에 제공하는 본질적인 장점이며, 외과적 수술이나 정신적 외상 없이 체내의 영상을 찍거나 암 치료를 가능하게 한다.

두 번째 차이점은 1905년 아인슈타인이 광전효과에 관한 연구에서 주목한 양자역학의 또 다른 결과물이다. 방사선 에너지는 물질 전체에 걸쳐 부드럽게 흡수되지 않고, 일련의 개별적 사건처럼 전달되어 각 사건마다 하나의 광자를 흡수한다. 그래서 흔히 충돌이라고 한다. 초기 손상은 흡수된 단일 광자의 에너지가 분자를 이온화할 수 있는지, 또는 분자를 파괴할 수 있는지에 달려 있으며 총 방사선의 밝기와는 관련이 없다. 결과적으로 자외선을 포함한 전리방사선은 비전리방사선보다 낮은 에너지로도 물질에 손상을 줄 수 있고 또 온도를 올리지 않아도 손상을 준다. 이 개별적인 작용은 각 광자의 효과가 서로 독립적이라는 것을 의미한다.

물질이 받은 전체적인 손상량은 광자의 수에 비례한다. 또한, 물질의 전체적인 손상량은 광자가 모두 급성 선량으로 한번에 도착하는지 아니면 오랜 시간, 수개월 또는 심지어 수년에 걸친 시간 동안 분산되는지와 무관하다. 신체 전반에 퍼져 있거나 작은 영역에 집중되어 있거나, 많은 사람에게 나눠지거나 또는 한 사람에게 집중되는 경우에도 방사선량이 같다면 총 손상량은 동일하다.

이는 각 광자가 독립적으로 작용하기 때문에 방사선의 효과가 선형이라는 것을 의미한다. 따라서, 광자 천 개를 합친 효과는 광자 하나의 효과의 1,000배가 되며 이는 선형성의 조건에 정확하게 일치한다. 방사선에 의한 즉각적인 손상은 흡수된 방사선 에너지의 총량과 선형적으로 관련이 있으며 손상이 존재하지 않을 정도의 낮은 방사선의 강도는 존재하지 않는다는 것이다. 이 결론은 물질이 살아있던 죽었던 관계없이 모든 물질에 적용된다.

장기 방사선 손상에 관한 LNT 모델

이렇게 간단한 개념이 살아있는 생체 조직의 장기적 방사선 손상의 결과에까지 적용된다는 가설을 문턱 없는 선형(LNT) 모델이라고 한다. 이 모델을 검토하고 그것이 틀린 이유와 그것을 확인해 주는 증거를 제시하는 것이 이 책의 주요 목적이다. LNT 모델이 주장하는 내용을 간단히 요약하면 다음과 같다.

> 방사선의 에너지는 기본적으로 일련의 개별적 충돌로 방사선을 쬔 물질에 축적된다. 따라서 총에너지는 재료 구조에 일어난 개별 충돌의 에너지를 더하기만 하면 계산할 수 있다. 또한 충돌이 일어날 수 있는 총 에너지의 하한선이 없기 때문에

> 손상의 문턱값도 존재하지 않고 아무리 약한 방사선다발이라도 손상을 유발한다. 살아있는 세포조직에서 중요한 손상은 DNA 구조에 대한 유전적 손상이다. 방사선으로 유발된 손상은 DNA를 복제할 때, 다음 세대로 전해질 수 있다.

이러한 LNT 모델의 기술이 완벽하게 맞다면, 사회에 미칠 중대한 영향은 다음과 같을 것이다.

> 손상된 유전적 유산을 남기는 것을 반가워 할 사람은 아무도 없다. 따라서 모든 전리방사선에 노출되는 것은 합리적으로 달성 가능한 한 낮은 수준(ALARA)으로 축소해야 하며 가능하다면 원자력 에너지를 포함한 전리방사선을 사용하는 모든 기술의 사용을 피해야 할 것이다.

다음과 같은 질문을 할 수 있을 것이다.

> 노벨상을 안겨 준 광전 효과에 대한 설명으로 아인슈타인이 입증한 단순한 개념에 근거한 이 설명이 어떻게 틀릴 수 있었을까?

그럼에도 불구하고, 우리는 이 논리가 잘못되었다는 증거를 제시하고 어떻게 이와 같은 실수가 발생했는지 정확히 지적해야 한다. (이와 관련된 역사적 배경은 제9장 참조)

LNT모델, 생체 조직 적용에 실패하다

LNT모델의 기본적인 오류는 방사선에 의한 초기 손상이 생물학적 매커니즘에 의해 유지되는 세포와 그렇지 않은 물질 즉 사체에서 동일하게 장기적으로 나타난다고 가정한 것이다. LNT 모델은 생명체가 방사선 피폭으로 인한 손상에 어떻게 반응하는지를 무시하고 있다. 우리는 이 논의에서, 생물학적 반응의 효과와 작동 원리는 무엇인지, 그리고 왜 그렇게 진화했는지 탐구할 것이다. 또 그 효과가 예외가 아닌 규칙임을 확인시켜주는 증거를 이해할 수 있을 것이다. 증거를 이해하기 위해선 우리는 방사선량의 에너지를 정량화해서 서로 다른 실제 상황에서 비교할 수 있어야 한다.

방사선에 대한 감지

생물학적 설계를 통한 자연의 보호 기능

다윈주의의 진화에 따르면 우리는 특정 위험의 근원들에 대해서 본능적으로 민감해졌지만 다른 근원들에 대해서는 그렇지 못했다. 이에 대해 우리는 다른 수단들이나 다른 전략들을 알아봐야 한다. 우리는 스스로 자연적으로 예민한지 또 그에 적절하게 행동하는지 알아볼 필요가 있다.

익숙한 예로 가정용 가스를 들 수 있다. 공기와 혼합된 가스는 폭발성이 있지만, 그 어떤 색이나 향도 띠지 않는다. 원시적인 진화 환경에서 천연가스에 대한 민감성을 갖는 것은 생존을 위한 투쟁에 아무런 이점도 가져오지 못했기 때문에 진화는 이에 대한 대비를 하지 않았다. 반면, 현대 세계에서는 가정용 가스에 강한 냄새를 가진 t-부틸 메르캅탄을 극소량 추가해 코로 감지함으로써 가정용 가스의 안전성을 간단하고 효과적으로 보장하고 있다.

인공 기구가 아니라 자연의 배려를 통한 유사한 방법으로 우리는 생물학적 폐기물의 위험을 피하고 있다. 생물학적 진화는 인간의 코를 대변과 소변으로 인해 배출되는 기체에 특히 민감하게 반응하도록 만들었다. 냄새는 우리가 숨쉬는 오염된 공기가 아니라 냄새를 맡는 우리의 코에 있다고 생각할 수 있다. 하지만, 좋거나 나쁘거나 그저 그런 냄새에 대한 감각은 모두 인간의 생존 가능성을 높이기 위해 진화를 통해 조정되었다. 예를 들어, 강아지들은 종종 쾌적하기도 하고 불쾌하기도 한 전혀 다른 범위의 냄새를 즐긴다. 해충과 하위 생물학적 존재들은 위계 서열의 틈새에서 그들에게 알맞게 맞춰진 민감성을 가지고 있다.

자연 보호에는 또 다른 많은 예들이 존재한다. 예를 들어, 우리는 특히 일식이 일어날 때 태양을 직접 보고 싶어하는 자연스러운 유혹을 느낀다. 하지만 이것이 위험하다고 충고하는 건강경고 방송이 계속된다. 그러나 고통으로 인하여 실제로 눈 속에 들어오는 과도한 빛을 빠르게 인식하기 때문에 태양빛으로 실명하는 사고는 거의 발생하지 않는다. 마찬가지로, 높은 위력의 비전리방사선의 경우 위험해지기 전에 열기를 느낌으로써 위험을 회피한다.

하지만 전리방사선은 어떨까? 인체는 어째서 많은 선량의 전리방사선을 받아도 이를 너무 늦을 때까지 인식하지 못하는 것일까? 전리방사선에 대해서 반응하지 못 하는 것은 드물게 다윈의 진화론에서 간과된 것일까? 전리방사선에 대한 민감성은 그 어떤 이점도 제공하지 못하는 것일까? 이것은 적절한 질문이며 많은 사람들의 진정한 관심사다. 문제를 살펴보자. 생물학에서는 도전적인 과제임을 발견할 것이다. 왜냐하면 에너지 흐름이 마이크로와트 범위에 존재하며 그 어떤 민감도에서도 자칫하면 잘못된 경고를 보내기 쉽기 때문이다. 우리는 방사능에 대한 민감한 반응을 습득하는 것뿐만 아니라 방사능이 살아 있는 조직에 끼치는 손상을 치료하고 싶어한다. 간단한 전자 장치는 전리방사선이 언제, 어디에서 존재하는지를 알려주기에 충분하지만, 발생한 손상을 회복하게 하진 않는다. 결과적으로, 진화는 언뜻 보기에 검출과 회복 모두를 제공하지 못한 것으로 보인다.

그러나 자연은 지금까지 이 토론이 제시한 것보다 훨씬 영리했다. 생체 조직에 전리방사선이 끼친 손상을 자연적으로 검출하는 것은 회복 및 교체 메커니즘과 통합되어 있었다.

생명체를 공격하는 방사선에 대한 메시지와 그 이후 일어나는 작용들은 상당히 무의식적이며 세포 수준까지 분산되어 있다. 만약 신체가 전리방사선에 의해 공격받는다면 - 이것은 어느 정도 항시 일어난다 - 뇌는 이것을 인식하지 못한다. 또 그럴 필요도 없다. 왜냐하면 이 문제는 세포 수준의, 소위 최전선에서 감지되고 치료되기 때문이다. 만약 이런 생명활동을 무시하고 규제가 방사선 안전을 통제한다고 상상한다면 그건 우리의 착각이다.

이 눈부신 종합 생물학적 설계에는 세가지 이유가 존재한다.

- 생명체는 단세포 유기체로부터 양배추와 영장류, 그리고 최근 인간에 이르기까지 다양한 형태로 진화해 왔다. 태초부터 방사선과 다른 산화원은 뇌나 중추신경계가 없는 유기체를 포

함한 모든 생명체에게 탐지와 회복을 필요로 하는 위험의 원천이었다.

- 만약 중추신경계가 방사선 공격에 의해 촉발되는 세포간 화학적 신호를 인식하게 만들어 졌다면, 다른 산화 작용이 일으키는 잘못된 신호에 압도되었을 것이다. 가정용 토스터기에 너무 가까이 있는 화재경보기는 누군가 작동을 멈추기 전까지 잘못된 경보를 자주 울렸을 것이다. 이러한 경보는 유기체에 선택적 이점을 주지 않는다.
- 모든 형태의 산화 공격에 대한 국부 검출 기능과 통합된 국부적 회복 및 교체 메커니즘을 마련하는 것은 큰 유기체의 통신 라인을 감소시켜서 서로 다른 부분을 튼튼하게 하고 독립적으로 만드는데 도움이 된다.

결과적으로 뛰어난 분산 세포 안전 시스템은 낮은 선량률과 중간 선량율의 전리방사선에 대한 경고를 인간이 인지할 필요가 없게 만들었다. 또한 이것은 처음 30억 년 동안 방사선 경보에 반응할 인지 능력 자체가 없었기 때문일 수 있다.

불행히도 공식적인 방사선 방호 정책은 자연이 마련한 것을 무시하고 대중에게 어떤 수준의 방사선을 우려해야 한다고 말한다. 자연적인 것 위에 조심스럽고 극단적인 규제 체제를 추가하는 것은 잘못이다. 이것은 마치 '개를 키우면서 스스로 짖는 법은 배우지 말라"라는 옛 격언을('남(자연)이 할 일을 하려고 하지 말라'는 뜻) 무시하는 것과 같다.

인공 기구들을 이용한 방사선 탐지

하지만 방사선을 탐지하는 기구는 어떨까? 이러한 기구를 만드는 것은 어렵지 않으며 단순하거나 강력할 수 있고 작거나 클 수도 있다. 앙리 베크렐은 사진판을 이용해 핵 방사선을 발견했다.

우리 눈은 빨간색부터 보라색까지 한정된 범위의 색에만 민감하지만 사진판은 〈그림 4-1〉처럼 가시 광선에서 자외선, X선과 그 이상의 많은 스펙트럼에 민감하다. 임상 X선 사진은 방사선이 몸을 통과하며 뼈의 무거운 칼슘에만 그림자를 드리워 형상을 나타내며 현대의 CT 스캐너 또한 X선을 유사한 방법으로 사용하고 있다. X선 대신 에너지가 무척 높은 감마선을 사용할 경우 종종 뼈의 형상도 잘 나타나지 않는데, 이럴 경우에 대한 해답은 사진 필름, 전자 반도체 또는 무거운 투명 결정과 같은 검출기 물질에 효율적으로 포착되고 높은 대비 흡수를 보여주는 광자에너지를 선택하는 것이다. 이런데 가장 적절한 물질은 전자의 밀도가 높고 단단하게 묶여 있는 원자번호가 가장 높은 것이다.

> 현대의 검출기는 비스무트 게르마네이트(BGO)와 납 텅스테이트와 같은 특이한 투명 결정체를 사용한다. 이는 광자를 효율적으로 검출할 뿐만 아니라 결정체 내부에 생성된 발광 계조를 조밀하게 잡아낸다.

광자와 마찬가지로 베타선은 가스나 고체 상태의 반도체를 장착한 이온화 검출기에 쉽게 검출된다. 반면 알파선은 종종 공기나, 기구의 창에서 진행을 멈추고 쉽게 흡수되기 때문에 검출하기 쉽지 않다.

이렇게 전문화되고 값비싼 기술에 접근할 수 없다고 생각할 수 있다. 하지만, 그렇지 않다. 화재 안전을 위해 가정용 연기감지기를 보유하고 있거나 아니더라도 철물점에서 일만 원 정도면 살 수 있다. 연기감지기의 내부에는 원자력발전소 폐기물로 만들어진 아메리슘-241이라는 방사선원이 있는 방사선 검출기가 들어있으며 직접 뜯어보면 방사선 기호와 함께 선원에 대한 세부정보를 확인할 수 있을 것이다. 연기감지기는 공기 중의 연기가 방사선원의 이온화를 흡수해 감지기가 방사선을 탐지하지 못하게 될 때 경고음이 울리도록 만들어져 있다. 방사선은 불에 탄 토스트만큼 탐지하기 쉽다. 대부분의 방사선 탐지기는 왜 저렴하지 않을까? 만약 사람들이 구매하기 원한다면 가격은 저렴해질 것이다. 이는 단지 시장의 문제일 뿐이며 심지어는 휴대용 전화기에 방사선 탐지기능을 탑재할 수도 있다.

전문가들은 방사선 탐지기가 알파, 베타 또는 감마와 같은 방사능 종류를 알려줄 수 없기 때문에 충분하지 않다고 말할 수 있다. 그것은 사실이며 대부분의 방사선 탐지기는 특정 정밀도 이상의 선량을 측정할 수 없다. 하지만 이는 요점을 놓친 것이다. 마음의 평화를 얻기 위해서 알아야 할 것은 지나친 방사능이 존재하는지 여부이며 이는 화재경보기와 같은 맥락이다. 경보가 신속하고 효율적으로 제공된다면, 이에 대한 추가 조사는 쉽게 진행될 수 있다.

제5장

다량의 방사선량 효과

브라이언: 봐, 너는 다 틀렸어! 날 따라오지 않아도 돼. 아무도 따라갈 필요 없어! 스스로 생각해봐! 우린 모두 개개인이야!
군중: [합창으로] 그래! 우린 모두 개인이야!
브라이언: 우린 모두 달라!
군중: [합창으로] 그래, 우리는 모두 달라!
군중속의 남자: 난 아닌…
군중: 쉿!

몬티 파이튼-브라이언의 삶에서

체르노빌 사고의 영향

시간이 멈춰 선 곳들

인간의 상상력은 지구의 곳곳에 있는 시간이 얼어붙은 장소에서 우리의 넋을 잃게 한다. AD 79년 화산재에 묻힌 허큘라네움이나 폼페이를 방문하면, 그 당시 일어났던 무척 일상적인 작은 요소들까지 떠올리게 된다.

영국의 포츠머스에 새로 건립된 메리 로즈 박물관은 또 다른 사례이다. 1546년, 출항 후 몇 분 만에 침몰한 헨리 8세의 기함이 전시되어 있으며, 최근 배의 선상에 튜더 왕가의 삶에 대한 많은 세부 사항들이 보존되어 있다는 사실이 밝혀졌다.

같은 맥락으로, 체르노빌과 프리피야티 마을을 방문하는 것은 1986년 4월 26일에 어떤 일이 일어났는지 깨닫게 한다. 그곳은 비록 물리적 붕괴가 이미 진행되었지만, 보존되어야 할 이야기를 들려준다. 환경 보호론자 마크 리나스는 최근 이 두 곳이 세계문화유산으로 선정되어야 한다고 주장했다.

비록 그 현장은 사고 당시 그대로 얼어붙었지만, 그들이 주는 메시지에 대한 이해는 점차 성숙되고 있다. 사람들이 떠난 후, 풀과 잡초가 무성하게 자라, 여러 해 동안 황무지이며, 위험 지역으로 알려져왔던 체르노빌은 현재 실질적으로는 야생동물보호지역이 되어 있다. 동식물들은 방사능을 띠지만 더 이상 인간의 파괴적인 개입을 걱정할 필요없이 야생의 생활을 즐기고 있다. 동물들, 새들, 식물들은 다른 사람들이 대피할 때 남았던 몇 안되는 사람들과 함께 자유롭게 번성하고 있다.

사고의 규모

체르노빌에서 폭발한 수냉식 흑연감속 핵분열 원자로는 소련이 설계하고 건설했다.

드리마일 섬과 후쿠시마를 포함한 서구식 원전 설계와는 달리 체르노빌 원전에는 구형(球形) 격납용기가 없었다. 사고 당시 원자로에서 방출된 방사능은 제멋대로 대기로 분산됐으며 온도와 에너지 생산량 제어가 고장-안전 설계에 의해 안정화되지 못했다. 사고 당일, 원자로 운전원들은 중요한 안전 시스템을 불능화시킨 채 문제의 소지가 있는 운전 절차를 시험하고 있었다. 결국 원자로 제어에 실패하자 원자로의 온도는 급상승했고 증기로 변한 냉각수가 가열된 흑연과 급속히 반응해 생성된 수소는 그 압력으로 원자로 상단을 날려버렸다. 이후, 수소는 공중에서 폭발했고 벌겋게 달아올라 이글거리는 흑연 덩어리 전체가 대기에 노출된 채 며칠 동안 타올라 다량의 핵물질을 방출했다. 237명의 용감한 노동자들은, 후쿠시마 다이이치와 일본의 모든 다른 원전과는 달리, 결코 정지된 적 없는 원자로 노심에 노출된 채 직접 화재에 맞섰다. 체르노빌 화재의 극한 열기는 강렬하게 치솟는 가스 기둥을 만들었고, 가장 무거운 핵물질을 제외한 모든 물질을 지구 상공을 순환하는 상층 대기로 솟구쳐 올렸다. 냉각수는 어떻게 됐을까? 실제로 후쿠시마에서는 냉각수가 관심의 초점이었으며, 체르노빌과 후쿠시마를 적절히 비교하기 위해선 냉각수가 어떻게 됐는지 알아야 한다.

체르노빌에서는 아무것도 남아있지 않았다 냉각수는 수소 형성 반응에 소모됐거나 기화했다, 냉각은 존재하지 않았다.

체르노빌이 상상 가능한 최악의 사고였다는데는 논란이 있을지 몰라도, 최악의 민간 원자력 사고였다는 것에는 의심의 여지가 없다. 체르노빌 원자로는 그 당시 대부분의 원자로와 그 이후의 모든 원자로와는 달리 격납용기를 갖추고 있지 않았다. 당시 붕괴 직전의 상황으로 치닫던 소련 정부는, 사고 정보를 제대로 입수할 수 없었고 사고는 스칸디나비아에서 검출된 방사능으로 밝혀졌다. 이후, IAEA는 체르노빌에 대한 대응으로 1989년, 목적이 모호했지만, 사고의 심각성을 설명하기 위해 국제 원자력 사고 등급(INES) 제도를 도입했다. 체르노빌은 가장 높은 등급인 7등급으로 소급 분류되었다. 그러나 지진학자들이 지진 강도 평가 시 객관적 측정에 근거하는 것과 달리, 이 등급은 불행하게도 실제 사고와 관련된 당국의 행정적 판단에 의해 결정되었다. 후쿠시마의 경우 기가 질린 일본 당국은 후쿠시마 사고를 체르노빌과 같은 7등급으로 분류했다! 후쿠시마 사고는 결코 체르노빌과 같은 등급이 아니었으며, 이 등급의 채택은 기본적으로 대중들의 공포를 고조시킨 실수였다. 국제 원자력 사고 등급과 같은 비과학적인 지표는 아무에게도 이익이 되기는커녕 불안정한 여론을 무책임하게 자극할 뿐이었다.

그렇다면, 국제 원자력 사건 척도를 대체할 수 있는 것은 무엇일까? 대답은 간단하다. 아무것도 없다.

화석 연료나 수력 발전소의 댐 붕괴는 원자력 사고와는 달리, 매우 많은 사상자를 수반하지만 이와 같은 척도가 존재하지 않는다. 이러한 척도는 그 어떤 이로운 기능을 하지 못한다. 왜 척도가 필요하다고 생각하는가? 방사능은 예외적이기 때문에 특별한 안전 조항이 필요하다고 생각할 수 있다. 하지만 이를 뒷받침해 주는 객관적인 과학적 증거는 없으며, 이것은 정치적 반응에 불과하다. 다음 〈표 5-1〉은 다수의 기저부하 에너지원에서 최근 발생한 최악의 사고들을 보여주고 있다. 이는, 원자력이 다른 에너지 공급원보다

수력	시만탄, 중국 1975	171,000명 사망
원자력	체르노빌, 우크라이나 1986	43명 사망
석유	제시, 나이지리아 1998	최소 300명 사망
천연가스	촨동베이, 중국 2003	243명 사망
탄광	소마, 터키 2014	301명 사망

〈표 5-1〉 최근 기저부하 에너지원에 의한 높은 사망률을 보여 주는 사고들

훨씬 안전함을 보여준다.

후쿠시마 사고의 차분한 평가에 대한 언론의 반응은, 다음과 같다.

"그렇지만 거기서 세번이나 원자로가 녹아내렸다구요!!"

노심이 녹아내리는 것은, 공포영화에서 이야기를 흥미진진하게 끌고가기 위해 과학을 변형시키는 경우를 제외하고는, 체르노빌에서 일어났던 원자로 폭발보다 훨씬 작은 사고다. 심지어, 체르노빌에서도 방사선 자체가 사람들의 삶에 미쳤던 영향은 다른 에너지원의 사고에 비해 매우 한정적이었다. (표 5-1 참고)

지역 정신건강에 미치는 영향

국제 사회의 경고가 체르노빌 사고에 대해 심각성을 인정하기를 강요하기 전까지 체르노빌 현지 당국은 사고에 대해 늑장 대응했다. 체르노빌은 농업에 크게 의존하는 우크라이나의 빈곤 지역에

위치해 있다. 우크라이나 사람들은 사고를 알지 못한 채 야채와 유제품 등 현지에서 방사능 낙진을 흡수하며 생산된 음식을 계속 먹었다. 그러다, 예고도 없이, 많은 사람들이 버스에 몸을 실은 채 낯선 곳으로 옮겨졌으며, 무슨 일이 일어났는지도 모르는 상태로 실직한 피난민들과 가족들은 자살, 알코올 중독에 내몰렸다. 가족이 해체되고, 흡연자가 증가하고 절망감이 널리 퍼지는 등 심각한 사회적 스트레스가 주는 모든 징후를 겪기 시작했다.

방사선으로 인한 사망률

사고 경위 보고서에는, 비록 정확하지 않을 수 있지만, 피해에 대한 세부적 사항, 사망자 명단 및 사회적 결과를 기록한다. 또한 사고와 무관하게 어쨌든 일어났을 경우의 수 또한 중요하다. 방사선에 노출되면 눈 손상과 햇볕에 타는 것과 비슷하게 피부에 베타 손상을 입을 수 있지만, 이는 대부분 완전히 회복된다.

체르노빌 사고 당시와 그 이후 여러 해 동안, 사망자가 - 수만 명, 수십만 명에 이를 정도로 - 많을 것이라는 엉뚱한 추측이 있었다. 25년이 경과한 지금, 사망자 수를 과학적으로 추정하는데 의견 일치가 이루어져 사망자 기록이 바로 세워졌다. 그래서 방사선의 영향을 현대 생물학의 관점에서 보다 정확히 이해하는 것이 가능해졌다. 숫자들은 무엇을 의미하며 어떻게 알아내는가? 세 가지 유형이 있다.

- 첫째, 신원확인이 가능한 사망자들 중, 사고가 발생하지 않았다면 생존했을 사망자들이 있다. 이름을 통해 해당하는 사망자들을 개별적으로 알 수 있기 때문에 복잡한 수학적 통계가 필요하지 않다;
- 둘째, 전체적으로 사고가 발생하지 않았을 경우보다 훨씬 더 많은 수의 사망자가 발생할 수 있지만, 어쨌든 사망했을 사망자의 사례와 이를 구별할 수 없는 그룹이 있을 수 있다. 방사선 사고가 사망의 명확한 이유라고 판단하기 위해선, 방사선에 노출되지 않았다는 점을 제외한 비슷한 두 집단을 비교할 필요가 있다. 추가 사망자 수를 추정하는 것과 그 추정의 불확실성은 통계적 계산과 관련이 있다. 결론은 상당히 확고할 수도, 미약할 수도 있다.
- 마지막으로, 사고로 인해 사망했을 수 있지만 명확한 통계적 증거가 없는 사람들이 있다. 이는 알 수 없는 상황이며, 증거가 존재하지 않는다; 증거없이 섣불리 추측하는 것은 위험하다. 그러나 체르노빌사고 초창기에는 상황을 기다려 봐야 한다고 주장하는 것이 가능했지만, 25년이 지난 후 이것은 더 이상 그럴 이유가 없으며 증거 없음이 최종 결론인 것으로 보인다.

급성 방사선 증후군으로 인한 사망

사고 후 첫 며칠간, 원자로 화재와 싸우다 숨진 28명은 신원확인이 가능한 체르노빌의 희생자 집단이였다. 그들은 암이 아닌 급성 방사선증후군으로 사망했으며, 아래 〈그림 5-1〉은 237명의 소방관들의 각 선량 범위에 따른 사망률을 보여준다. 이 그림은 A 지점, 즉 4,000 mGy 미만을 받은 사람들의 사망률이 195분의 1에 불과했음을 보여주며, 사망률은 선량이 높아질 수록 가파르게 상승하고 약 7,000 mGy인 B 지점에서 100%를 나타내는 C지점에 도달한다. 분명, 3,000~4,000 mGy의 범위 내에 문턱값이 존재하며, 쥐를 대상으로 한 실험 자료도 부드러운 곡선으로 나타나 이와 유사한 효과를 보여준다. ARS(급성방사성증후군 Acute Radiation Syndrome)로 인한 사망은 모두 몇 주 안에 일어났고

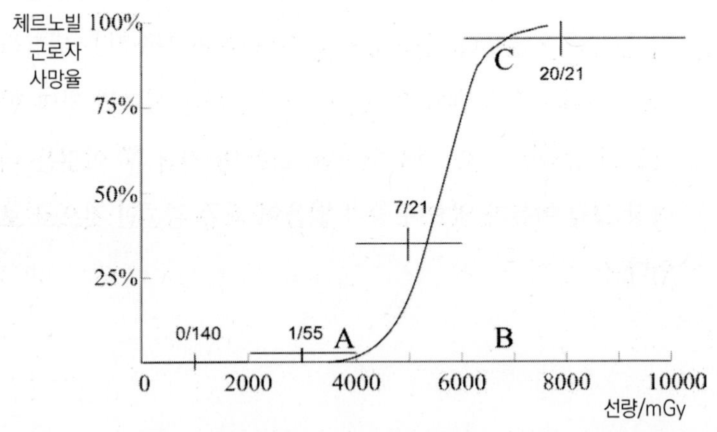

〈그림 5-1〉 초기 소방관 237명에 대한 각 방사선량에 따른 급성 방사선 증후군(ARS)으로 인한 사망률 자료(-+- 교차점에 달린 수치는 각 선량 범위에 대한 '총 사망자수/총 피폭자수'를 나타내며, 곡선은 쥐를 대상으로 한 유사 실험 자료의 그래프다)

나머지 사람들은 회복되었다.

ARS에 의해서 초기에 일어난 사망에서 살아남은 237명의 소방관들에겐 이후 어떤 일이 일어났을까? 이 의문은 매우 중요하다. 어떤 그룹이던, 일부는 25년 안에 사망했을 것이다. 다만, 문제는 사망자가 예상보다 많은지, 그래서 그 사망자들이 방사능과 연관이 있는지 여부이다. 사망자의 숫자가 상대적으로 작기 때문에, 사망자 집계를 수정해야 할 것이라고 예상됐다.

하지만 그럼에도 불구하고, 세계 보건 기구는 밀접하게 관찰한 생존자들 사이의 상관관계나 중요한, 예를 들면 백혈병 추가 발병 사례같은 징후를 보고하지 않았다.

소아 갑상선 암의 사례

소그룹에서 확인된, 추가 사망자가 있었는데 이는 통계적으로 확인되었다. 사망자들은 바로 체르노빌 근처의 우크라이나, 벨라루스, 러시아 지역에서 6000명의 어린이들 가운데 극히 일부로, 그들은 갑상선 암으로 확인되었다. 이들 중 일부는 방사선과 무관했고 또 다른 아이들은 집중적인 검진을 통해 암을 조기에 발견할 수 있었다. 물론 일부 아이들은 방사능 요오드-131의 낙진에 의해 오염된 야채와 우유를 섭취했기 때문일 수 있다. 하지만, 요오드는 방사선과 무관하게, 특히 성장기 어린이들의 경우 체내 갑상선에만 집중되는 경향이 있다. 요오드 섭취는 현지 식단의 요오드의 공급에 달려있다. 우크라이나처럼 나쁠 수도 있고 요오드가 풍부한 해

조류를 일상적으로 먹는 일본처럼 풍부할 수도 있다. 방사성 요오드는 정상 식이요법이나 보조식품으로 섭취된 일반 요오드로 희석될 수 있으며, 방사성 원자는 8일의 반감기가 지난 후 무해해지기 때문에 사고 이후 태어난 아이들은 영향을 받을 수 없었다. 당연히 암 발병률은 정상적인 낮은 수준으로 돌아왔다.

갑상선암은 갑상선에 농축된 것과 동일한 고효율 요오드를 사용하여 치료할 수 있다. 중증 갑상선암 치료는 환자에게 훨씬 더 많은 방사성 요오드를 주입해 종양세포를 제거하는 것이다. 비록 발병률은 보고서상 증가했지만, 대부분의 경우 성공적으로 치료되었으며 결과적으로 방사능으로 사망한 사람의 수는 6,000명이 아닌 15명이었다.

집중 검진 과정으로 인해 암으로 발전하지 않은 사례도 일부 발견했으며, 이는 방사능에 의한 사례가 아닌 것으로 나타났다. 오진의 정도는 논쟁의 대상이 된다. 만약 정상적인 요오드화 칼륨 알약을 복용했다면, 체르노빌의 실제 환자 수는 확실히 줄어들었을 것이다. 후쿠시마의 요오드-131 누출이 체르노빌에 비해 훨씬 적었던 점을 감안할 때, 어린이 갑상선 암 발병률이 다이이치 원전사고로 인해 유의적으로 높아졌다고 볼 수 없으며 갑상선 암으로 숨진 어린이도 분명 없었을 것이다.

체르노빌에서 방사능으로 인한 추가 사망자에 대한 증거는 찾아볼 수 없었다. 이는 특히, 히로시마와 나가사키의 생존자를 대상으로 50년 후 진행한 조사 결과 기형 발생 및 유전적 영향을 증가시켰다는 그 어떤 증거도 찾을 수 없었던 것과 마찬가지였다.

두려움에서 발생한 인명피해

체르노빌 사고에서 방출된 방사능에 대한 공포는 재난지역을 훨씬 넘어 전 세계적으로 확산되었다. 후대에 위험이 미칠 수 있다는 사람들의 우려는 사고 후 몇 달 간 낙태율을 크게 증가시켰다. 심지어 아주 먼 나라인 그리스에서는 약 2,000건의 추가 낙태가 있었고 이는 출생 통계 기록의 급격한 감소로 명백히 나타났다. 이러한 통계는 방사능 위험이 실제로 존재하지 않음에도 불구하고, 이에 대응하기 위해 극단적인 개인적 행동을 취했다는 것을 나타낸다.

많은 죽음에 책임이 있는 세계 보건 기구(WHO)는 현재, 방사능에 대한 사회적 스트레스와 두려움에 대해 고려하고 있다. 체르노빌 근처의 농촌 인구는 교육이나 인근 도시에서의 삶의 경험이 거의 없었고, 그들은 아무런 설명없이 갑작스럽게 대피하게 되어서 굉장한 혼란에 빠졌다. 그들은 공식적으로 방사선의 희생자로 명명되었다. 이 단어는 그들의 지식을 뛰어넘는, 그들이 감각적으로 느끼는 경험과 분리된 묘사였다. 그들은 질병들, 보상을 향한 쟁탈전 그리고 낯선 곳에서의 생활로 고통받았다. 당연히 일반적 스트레스, 의존성 그리고 절망이 이어졌다.

1986년, 끝나지 않은 냉전시대와 과장된 방사능 및 방사선의 위험으로 인해 수년 동안 꼼짝 달싹 못하게 된 국제사회는 아주 심각한 건강상의 문제인 이런 고통들을 간과해 왔었다. 이에 대한 진실은 2006년이 되어서야, UNSCEAR의 국제 보고서에서 완전히 인정받았고, 그 보고서는 후쿠시마 사고가 발생하기 채 2주도 남지 않은 시점에 출판되었다.

후쿠시마에서 반복된 체르노빌의 실수

WHO, IAEA, UNSCEAR의 체르노빌에 관한 보고서는 후쿠시마 사고가 일어날 때까지 일본 당국의 주의를 끌지 못했고, 체르노빌의 실수는 거기서 반복되었다. 왜 일본 당국은 대처방안을 세우지 않았을까? 왜 그들은 이러한 보고를 모르는 듯 행동했을까? 이는 일본에만 해당되는 경우가 아니며, 어떤 다른 나라의 당국도 사고가 일어났을 때 이와 비슷하게 대처했을 것이다.

일본 당국은 왜 지진이나 쓰나미에 맞닥뜨렸을 때와 달리 스스로 생각하지 않고 미국 원자력규제위원회(NRC)에 자문을 했을까?

다른 국가와 마찬가지로 일본에서도 이해할 수 없거나 신뢰할 해결 방안이 없는 어떤 위협에 대해서 자문할 기관을 찾았다. 불행히도 일본 정부는 이해와 신뢰 둘 다 부족했고 그래서 미국 원자력규제위원회에 조언을 구했다.

미국 NRC는 당시 오랫동안 반핵 입장을 고수한 그레고리 자스코가 이끌고 있었기 때문에 그는 분명히 유엔 보고서를 이해하지 못했으며 일본 정부는 서툴고 위험한 조언을 받았던 것이다. 그 다음 해 미국 NRC의 수장은 교체되었다.

일본 국민은 미국에 대한 공손한 태도 때문에 희생된 것 같았는데, 이는 일본 고유의 전문성을 감안할 때 매우 불행한 일이었다. 낮은 선량률에서 방사선의 이로운 효과에 관한 훌륭한 과학적 연구의 대부분은 일본으로부터 나오지만, 그들에겐 책임을 구분하는 문화가 있고, 필요하지 않으면, 어떤 문제에 대해서도 공개적으로 논평하기를 꺼리는 경향이 있다. 그러나 일본만 이런 것이 아니고 다른 문화권에서도 이런 일은 비일비재하다. 결론은 일본이 많은 인명 피해와 손실을 본 것은 지질학적 요인 때문이었지 원자력 이용이 문제가 아니라는 것이다.

만성 및 장기 피폭량과 방사선 치료

선량률, 시간 척도 및 전생애에 걸친 선량

일정기간 동안 분산된 방사선량이 일으키는 유기체 손상은 단일 급성 선량이 일으키는 손상과 상당히 다르다. kg당 줄로 측정된 총 선량, 즉 축적된 에너지가 동일한 경우에도, 시간이 길어지면 유기체에 미치는 영향은 두 가지 방식으로 달라진다.

첫째, 단기간 방사선에 피폭된 경우에는 순간의 손상을 대체하거나 회복하기 위해 세포에 필요한 자원이 급속하게 소모되고 말지만, 장기간에 걸쳐 전달된 선량인 경우에는 회복에 필요한 추가 자원을 이용할 수 있도록 시간을 벌어준다.

둘째로, 장기간에 걸친 선량은 세포로 하여금 앞으로의 사고에 대비하여 경험에 비추어 적응할 수 있도록 해 준다.

비유를 하자면, 급성 선량은 단거리 달리기, 만성 선량은 장거리 달리기와 같고, 세포의 적응은 오랜 시간에 걸친 규칙적 운동이 쌓여 생기는 긍정적 변화나 발전과 같다. 방사선에 대한 순조로운 적응은 히로시마와 나가사키의 주민들이 경험했던 감마선과 중성자 섬광과 같은 급성 선량 피폭자들에게는 기대하기 어려운 것이다. 급성 선량과 만성 선량의 효과는 그만큼 다르다. 지속적인 만성 선량은 1일 당 mGy로 측정되는 반면, 단일 급성 선량은 mGy로만 측정되면 그만일 뿐이다.

교통사고는 또 다른 비유가 될 수 있다. 교통사고는 주로 차량이 이동하는 거리보다 속도와 더 관련이 있다. 만약 주행하는 거리가 사고와 관련성이 있다면, 경찰은 15,000 마일 이상을 이동하는 운전자들에게 위반 딱지를 발부할 것이다. 하지만, 거리는 속도보다 덜 중요하고, 속도가 느릴 때, 사고는 거리에 따라 누적되지 않기 때문에 경찰은 시속 70마일이 넘는 차량에만 속도 위반 딱지를 준다. 느린 속도는 사고를 누적시키거나 속도 위반 딱지와 관련이 없다.

마찬가지로 방사선량으로 인한 손상에 대한 증거는 누적 선량이 아닌 주로 선량률에 달려있음을 시사하고 있다. 급성 선량과 만성 선량의 차이는 속도와 거리만큼 명백하지만, 그럼에도 불구하고 자주 혼동되고 있다.

만성 선량률은 일일 또는 월별 등 시간의 단위로 지정하는 이유가 있다. 왜냐하면 이 사안은 생물학적 복구 및 교체 과정의 규모와 관계가 있고, 어떤 점에서는 세포주기와 연관성이 있기 때문이다. 우리는 만성 선량을 보다 보수적으로 매달 mGy로 나타내지만, 사실상 회복할 수 없는 손상에 한해서만 한 생애 당 mGy로 나타내는 것이 적절하며, 자료조사를 통해 어느 정도 적용할 수 있음을 확인할 수 있는 경우에 국한해야 할 것이다.

그렇다면 만성 선량의 영향은 무엇일까? 이 질문에 답할 수 있는 증거는 어디서 얻을 수 있을까? 방사선량의 생물학적 반응은 그 증거를 여러 방법으로 해석하기 전에 증거가 스스로 증명하도록 지켜보는 것이 가장 합리적인 방법이다.

쥐, 개, 사람의 실험 데이터

베타와 감마선의 효과부터 생각해 보자. (알파선의 효과는 다소 다르기 때문에 이 장의 뒷부분에서 설명될 것이다)

대규모의 인체 방사선 실험은 통제된 조건에서도 위험하다고 생각되기 때문에 많은 사람들은 거부감을 느낀다. 따라서, 우리는 동물실험이나, 우연히 또는 사고로 얻어진 가능한 한 최선의 인체 정보에 의존해야 한다. 통제된 동물 실험은 이용 가능한 동물들에 따라 꽤 다양할 수 있으며, 방사선을 쐬지 않았다는 점을 제외하고, 모든 면에서 동일한 대조군과 상세한 비교를 통해 관찰될 수 있다. 관련 실험 결과는 일찍이 1915년과 1920년에 발표되었다.

그러나 쥐는 인간과 다르고 개 또한 다르기 때문에 쥐나 개 실험에서 얻어진 결론을 인간과 직접적으로 연관지을 수 없다. 가장 확실한 이유는 그들의 수명과 대사율이 다르기 때문이다. 그럼에도 불구하고, 적어도 급성 실험의 경우에서는, 동물, 인간 실험의 자료간의 일치가 나타난다는 것을 확인할 수 있다.

만성 선량의 효과에서 이런 실험들은, 예를 들면 성인, 청소년 그리고 태아가 다른 민감도를 가지고 있다는 것을 보여주는 데에 가장 유용하다. 몇몇 당국은 방사선에 대한 민감도가 나이가 들수록 감소한다고 주장하지만 일부는 면역력은 상승하기 때문에 오히려 젊은 층에서 민감도가 낮다고 지적한다. 쥐 실험에서 검증하는 경우, 위와 같은 문제들에 대한 답을 빠르게 얻을 수 있을 뿐만 아니라, 이 문제를 부검과도 결합시킬 수있다.

하지만 쥐의 수명은 비교적 짧기 때문에 장기적인 노출에 대한 데이터를 제공하기에는 제한적일 수 있다. 따라서, 12년에서 15년의 수명을 갖는 다리가 짧은 사냥개 비글은 더 나은 결과를 제공할 수 있다. 전 생애에 걸친 다양한 일생 선량률의 연구에서, 수명과 사인(死因)이 방사선을 쬐지 않은 대조군과 비교된다. 이 데이터는 만성 방사선의 상당한 영향을 보여주지만, 선량률이 높고 평생 선량 또한 높은 경우에서만 나타난다. 이에 대한 자세한 내용은 8장에서 다뤄진다, 이는 가장 중요한 인적 데이터가 일관된 내용을 말하고 있음을 확인하는데 적절하다.

초기암에서 방사선 치료로 인해 발병된 암

우리의 과제는 만성, 또는 장기간의 방사선 조사(照射)가 인간의 암 또는 암 발생에 직접적인 영향을 끼치는지 그 증거를 추적하는 것이다. 이는 매우 어려운 것으로 나타났는데 그 이유는 대부분의 만성 방사선이 저·중위 방사선 영역에서 기대하던 것과 달리 암을 유발하지 못하기 때문이다. 그렇다면 암 치료에 사용되는 높은 선량률의 방사선에서는 어떤 일이 일어나는가? 방사선 치료는 6주 정도 지속되며 매일 방사선량의 일부분이 주어진다. 이렇게 분산된 선량은 급성 선량보다는 만성적 선량으로 보는 게 낫다. 왜냐하면 시험관 실험에서 확인된 것처럼, 하루라는 기간은 조사된 조직과 세포가 방사선에 대응하기에 충분한 시간이기 때문이다. 실제로 치료 과정의 방사선 분산 조사(照射)는 성공적인 치료에 필수적인 요건으로 판명되었다.

요점은 매우 높은 선량이 매일 공급되어서 의도한대로 종양세포를 제거할 수도 있음에도 불구하고, 인근의 건강한 조직에 새로운 발암 원인이 될 수도 있다는 것이다. 이와 같은 방식으로 접근한다면, 방사선 치료의 방대한 임상 경험 데이터는 문턱값에 대한 해답에 근접할 수 있다.

그렇다면 지금까지 밝혀진 암을 유발하는 가장 낮은 만성 방사선량은 얼마인가?

양적인 결론을 내리기 어렵게 만드는 여러 세부사항들이 있다. 그럼에도 불구하고, 일반 시민들은 방사선 치료 과정에서 하루에 1,000 mGy까지의 선량을 건강한 세포조직에 받고 이후 회복된다. 한 달 남짓한 기간 동안 매우 높은 총 선량에 달하지만, 환자들은 종양을 제거하거나, 임시적인 증상완화를 제공한 방사선 치료에 대해 의사들에게 감사를 표한다. 방사선이 새로운 1차 암을 유발할 확률은 약 5%이다. 만약, 이 확률이 5%보다 훨씬 높다면, 임상의는 일일 선량을 축소할테지만, 확률이 훨씬 낮다면 초기암을 보다 확실히 치료하기 위해 선량을 증가시킬 것이다.

실제, 대부분의 사람들은 고선량의 방사선 치료를 받은 친구나 친척을 알고 있을 것이다. 이러한 자료는 비밀 연구소에 숨겨져 있는 콘크리트 벙커에서 진행된 비우호적이거나, 신뢰할 수 없는 실험에서 나온 데이터가 아니다.

오히려 대중들은 정보를 받아들이고 인정해야 하며, 정보의 출처를 명확히 인식해야 한다. 사용된 선량에 대한 논의는 영국 왕립 방사선 전문 대학 웹사이트에서 공개적으로 이용할 수 있다.

인공 방사능과 함께 살아가다

수년간 일정한 방사선 선량률에 노출된 사람들의 데이터는 없을까? 이러한 데이터를 얻을 수 있는 곳은 아주 드물지만, 간간히 존재하기도 하고 특히 여기 두드러지는 한가지 사례가 있다. 1982년, 대만에서 10,000명의 거주자들을 위한 1,700여 채의 아파트가 건설되었다. 하지만, 사용된 구조용 강철은 코발트-60에 의해 오염되었고, 분명 핵분열 원자로의 구조용 고철강을 사용했음이 틀림없었다. 왜냐하면 이 동위원소(코발트-60)는 자연 코발트-59가 여분의 중성자를 흡수할 때 형성되기 때문이다. 이런 자유 중성자들은 자연 상태에 존재하지 않는다. 자연상태에서 중성자는 반감기가 10분인 중성자 붕괴를 통해 모두 붕괴하기 때문이다. 코발트-59가 자유 중성자를 만날 수 있었던 유일한 장소는 작동 중인 핵분열 원자로 용기 내부였을 것이다. 어찌 됐건 이 사고의 결과는 무엇이었을까?

코발트-60의 반감기는 5.3년이고 매우 깊이 투과하는 1.3 MeV 감마선을 방출하며 붕괴한다. 대만 아파트의 거주자들은 이 사실을 알지 못한 채 최대 20년 동안 지속적으로 방사선을 받았으며 1,100명은 연간 15 mGy 이상을, 900명은 매년 5 - 15 mGy의 선량을 받았다.

주민들은 그들이 방사선에 노출되었다는 사실을 알지 못했고 자료는 과도한 방사선이 암이나 다른 부작용을 일으키지 않았음을 보여주는 것에 일반적으로 동의하는 듯 보였다. 이 자료는 낮은 선량의 방사선의 유익한 영향을 조사하는데 사용되었지만, 연간 15mGy는 의미있는 결론을 도출하기에는 너무 낮은 선량률이었다. 비록 여러 주장이 만들어지겠지만, 효과에 관한 확실한 증거를 보여주려면 더 큰 만성 선량률 데이터가 필요할 것이다.

자연 방사능과 함께 살아가다

만성 방사선원으로 때로 연간 15 mGy보다 훨씬 큰, 영구히 존재하는 자연 배경 방사선은 특히 지역의 지질과 해수면 위의 높이에 따라 변동이 심하다. 이와 같은 지질학적 영향은 자연적으로 존재하는 칼륨, 우라늄, 토륨 광석의 지역별 차이 때문이다. 알파선은 광물 내에서 흡수되지만 감마선은 탈출해 환경 배경 방사선에 이바지한다. 자연적으로 발생하는 방사성 가스인 라돈도 환경 배경 방사선에 기여한다.

> 라돈-222는 1900년 독일 화학자 프레드릭 도너에 의해 발견되었다. 라돈은 완벽한 전자껍질을 갖는 불활성 기체로서, 화학적 결합에 거의 관심이 없다. 불활성 기체는 헬륨, 네온, 아르곤, 크립톤, 크세논, 라돈 등이며 이중 라돈은 가장 무거운 기체이다.
>
> 라돈-222는 우라늄-238에서 시작되는 붕괴순서 중 하나인 라듐-226의 알파붕괴에서 생산되며, 지구 지각에 있는 우라늄의 농도는 매우 가변적이기 때문에, 라듐의 농도 또한 가변적이다.
>
> 라듐-226은 반감기가 길지만, 상대적으로 물에 잘 녹기 때문에, 라돈-222로 붕괴될 때 이미 용해되었을 가능성이 있다. .
>
> 라듐의 용해성은 라돈의 반감기가 3.8일이라는 것을 고려해 볼 때 매우 의미가 있다. (만약, 라돈이 암석 내에 위치한다면 공기중으로 훨씬 적게 방출될 것이다.) 라돈의 각 원자는 공기중의 질소 분자보다 8배나 무거운 질량을 갖고 있기 때문에, 가스는 특히 광산 지하실, 동굴의 낮은 곳에 자연스럽게 축적된다.

라돈 노출은 주택 내 위치, 주택의 건축 방식, 주거 및 환기 방식에 따라 달라질 수 있다. 가스이며 알파 방출체인 라돈은 폐암을 일으킨다고 알려져있다. 폐암은 주변 공기에서 라돈을 흡입한 뒤 일부 원자가 붕괴되고 공기를 다시 뱉어내는 과정에서 발생한다. 붕괴 생성물들은 가스가 아니며, 폐에 추가 선량을 더하는 다수의 알파 및 베타선을 순차적으로 방출해 폐를 피폭시킨다.(제4장 〈표 4-1〉 참조)

라돈은 무색 무취의 기체로 가정에 존재하기 때문에, 건강 염려증을 앓는 사람들을 마치 세균처럼 따라다니는 상상으로 홀릴 수 있다. 많은 주택 소유자들은 라돈 치료 비용을 지불하라고 설득당하고, 부동산 중개인은 주택소유자가 집을 매각할 때 라돈 조사를 진행하기를 추천한다. 가정내 라돈에 대한 이러한 관심은 여러 선진국에서 수익성 있는 산업을 만들고, 공개조사를 잘 받아들이지 않는 규제가 이에 힘을 실어주었다. 대기 중의 라돈 농도는 입방미터당 Bq로 측정되며, 영국에서 권장되는 수준은 200 $Bq \cdot m^{-3}$이고 목표 수준은 100 $Bq \cdot m^{-3}$ 정도이다. 이 수치는 합리적으로 보일 수 있지만, 목표 수준의 라돈 농도는 극히 적다. 라돈이 냄새가 나거나, 색깔이 있다 하더라도, 이 수준의 라돈의 비율은 6×10^{17}분의 1에 불과하기 때문에 검출은 실질적으로 불가능할 것이다.

> 우리는 m^3당 1Bq의 방사능에 대한 라돈 농도를 계산할 수 있다.
> = 474,000(초, 라돈 평균 수명) / 2.68×10^{25}(m^3당 총 분자 수)
> = 공기 분자당 1.768×10^{-20} 라돈 분자.
>
> 목표 수준의 농도는 이것보다 100배 더 크다. 10^{18} 중 2개 이하 즉, 백만의 백만배의 백만배 중 2개인데 이것은 많은 숫자라고 할 수 없다!

만약, 1 $Bq \cdot m^{-3}$의 라돈이 함유된 공기를 흡입할 경우 얼마의 방사선량을 받을까? 추정치는 10배 이내로 다양하다. 국제방사선보호위원회(ICRP)는 연간 0.017 mSv를 받는다 하고, UNSCEAR은 시간당 9 nSv 또는 연간 0.079 mSv라고 한다. 보수적으로 UNSCEAR값을 고려한다면, 항상 집안에서 생활하는 사람이 받는 선량은 연간 16 mSv로 2회 미만의 CT진단을 받는 정도일 것이다. 이는 대수롭지 않은 값이다. 하지만, 데이터가 말하는 보통 수준의 선량률이 폐에 미치는 영향은 무엇일까?

집안의 라돈과 폐암 사이의 연관성에 의문을 제기하는 학문적 연구는 부족하지 않다. 마찬가지로 LNT 모델의 특이한 파생 모델에 의존한 다수의 연구들이 라돈 안전 산업과 라돈 완화 서비스를 뒷받침하고 있다. 그렇다면 주택소유자들은 집안의 라돈에 대해 걱정해야 할까? 근본적인 문제는 라돈 환경과 폐암 발병률 사이에 의미 있는 상관관계가 존재하는지 여부이다. 공개된 답변은 만족스럽지 못하며, 이러한 상관관계는 성립되지 않고 있다. 자연적 라돈의 농도에 대한 우려를 확산시키는 것은 대중을 속이는 것이며 이와 관련한 개선책은 낭비이고 불필요하고 반드시 중단되어야 한다는 결론을 끌어낼 수도 있다. 위 내용은 기술적이지만 요약해 둘 중대한 점들을 갖고 있다.

다음은 가정에서 라돈과 폐암의 상관관계를 보고한 사례들에 대한 검토의견을 간략히 요약한 것이다. 독자들은 이것을 건너뛸 수 있다.

1. 라돈의 영향은 필시 작을 것이다. 왜냐하면 지역 사회가 초기에 시행한 분석에서, 라돈은 통계적으로 의미가 있는 영향이 존재하지 않는다고 보고되었기 때문이다. 대륙에 걸쳐서 이루어진 대규모 메타분석은 환경 라돈이 폐암을 유발한다는 것과 그들이 심각성을 주장하는 결과를 보여주기

위해 동일한 많은 가정들을 사용했다. 이렇게 다툼이 있는 가정들 때문에 위 세가지 주장은 독립적이지 않다.

2. 선형성이라고 주장하는 것은 각각의 원인과 그 효과가 다른 모든 원인과 그 영향과는 별개라는 것을 의미할 것이다. 만약 라돈 농도(r)와 흡연량(s)에 대한 암 위험(R)의 의존도가 선형이라면 R은 다음 식처럼 표현될 것이다.

   $R = A \times s + B \times r + C$

   A, B, C는 상수이며 C는 배경이다. 그러나 관련 자료는 라돈과 흡연의 발암성 효과에 대해 이 식이 타당하지 않다는 것을 보여준다.

3. 보고자들은 (C, D, E 상수를 가진) R에 대한 다음과 같은 비선형식을 사용한다

   $R = (C + D \times s) \times (1 + E \times r).$

   이 식에서 중요한 것은 라돈 농도 r에 대한 R(암 위험성)의 의존성에 r을 비선형적으로 만드는 흡연이 포함되어 있다는 점이다, 그들은 이것을 상대적 위험 모델이라고 부른다. 그들의 의견에 따르면 흡연은 R(암 위험성)을 25배 증가시키기 때문에, 실제로 그들의 분석이 의미하는 것은 라돈에 대한 의존성이 비흡연자보다 흡연자에게 25배 더 크다는 것을 받아들이라는 것이다. 이렇게 뻔한 비선형적 가정에 대해 그

들은 선형이라고 우기는 것 말고는 어떤 타당한 근거도 제시하지 않는다.

4. 라돈에 의해 유발된 암에 관한 문헌에서 사용 가능한 데이터는 최근 포날스키와 도브진스키에 의해 가능한 모든 범위의 가설을 사용하여 재분석되었는데, 여기서는 3개의 메타분석(이른바 LNT라고 한다)에 적용되는 상시 위험, 선형 위험 및 상대 위험이 포함된다. 만약 이 모델이 강요된다면, 그들의 분석은 지지자들이 알아낸 결과와 일치한다.

그러나 공개된 28세트의 모든 데이터에 대해 다른 모델의 가능성을 양적으로 비교한 포날스키와 도브진스키는 다음과 같이 결론짓는다.

> 베이지안 통계 분석에 따르면 28개 분석 연구에 공개된 라돈 데이터로는 분석된 선량 범위 내에서 선량에 따른 폐암 발생에 대해 신뢰할 만한 어떤 증거도 찾을 수 없다는 것을 보여준다. 그 모델 선정 절차에 따르면, 많은 연구자들이 선호하는 문턱 없는 선형 모델(LNT)의 선량-효과 관계를 인정하기 위해서는, 원래부터 그 관계에 대해 선량-독립 모델보다도 90배 이상 높은 신뢰도를 가져야 한다는 결론에 이르게 된다.

요약하자면, 표준 안전설(說)과 반대로, 폐암이 라돈에 의해서 일어나지 않는다는 이론을 지지하는 내기가 승리할 확률은 90대 1이라는 것이다. 상대적 위험 모델을 가정하지 않은 연구의 예로는 구 동독의 금연 여성에 대한 암의 발생에 대한 데이터 분석이 있다. 남동부 지역의 경우 라돈 농도가 높지만, 일반적인 메타 분석과 달리 그 데이터(m^3 당 최대 1,000Bq)에는 암 증가 징후가 전혀 보이지 않는다.

한편, 뜨거운 방사능 온천을 자랑하는 광범위한 관광사업이 존재한다. 그들은 방사능 온천이 치료상의 이익을 준다고 주장한다. 물론 실제로 그럴 수도 있지만, 어찌됐건 고객들에게는 인기가 있다. 물은 지열로 데워지는데, 지열은 지구의 중심을 뜨겁게 만들고 모든 화산 활동과 지진에 에너지를 공급하는 방사능에 의해 얻어진다. 놀랄 것도 없이, 많은 시설들은 아이슬란드, 캘리포니아, 일본을 포함한 지각판의 경계에 놓여 있으며 이 치료 센터는 일본과 비슷하게 뚜렷한 방사능 공포증을 갖고 있는 독일에서도 특히 강한 전통을 가지고 있다.

자연방사선이나 건강 온천의 방사능이 비록 손상을 일으키기 시작하는 문턱값을 보여줄 만큼 강력하지 않지만, 이 방사선이 큰 해를 끼치지 않는다는 결론은 반드시 공유되어야 한다. 우리는 더욱 강력한 만성 방사선의 효과에 대한 증거를 계속 찾아야 하며, 비싼 주택의 라돈 제거 계약도 취소해야 한다.

강력한 만성 알파 방사선의 영향

마리 퀴리의 일생

마리 퀴리가 알파선 붕괴를 연구 대상으로 삼은 것은 토륨과 우라늄의 자연 방사능 붕괴에서 생성된 원소를 분리하는 데 필수적인 부분이었기 때문이다. 이는 물리학뿐만 아니라 화학의 문제였으며 그녀가 알파 붕괴를 식별할 수 있었던 것은 화학적 성질을 통해서였다. 분명히, 그녀는 경력 내내 알파선 뿐만 아니라 베타, 감마 방사선에 노출되었지만 그 누구도 그녀가 얼마만큼의 방사선을 받았는지 짐작조차 하지 못했다. 그녀는 당시 평균 수명과 비슷한 66세까지 생존했으며 방사선 작업으로 인해서 극적인 수명 단축을 겪지 않았고, 일부는 그녀가 방사능에 적응했다는 추측을 내리기도 한다. 첫 노벨상을 함께 수상한 그녀의 남편은 파리에서 마차에 의한 교통사고를 당해 46세에 사망했으며 그녀의 업적과는 다르게, 삶이 운에 따라 좌우된다는 사실을 보여준다.

알파 방사선의 범위는 매우 짧기 때문에, 방사선의 선량은 선원에 매우 가까운 구역으로 한정된다. 따라서, 멀리 퍼져 나가는 베타, 감마선에 비해 선량을 측정하기 어렵다. 또한 알파 방사선의 LET(선형 에너지 전이)는 높기 때문에 강도(줄/kg)가 높고 베타 또는 감마선보다 가중치에 의해서 유기체에 더 많은 생물학적 손상을 입힌다. 알파선의 가중치는 20으로 잡는다.

하지만, 우리는 이 값을 무시하고 월간 mGy로 문턱값을 찾는다. 알파선에 의한 영구적 손상의 문턱값은, 낮은 LET의 문턱값을 지극히 보수적으로 추측한 것이다. 이것이 우리의 전략이다.

라듐 눈금판 도장공과 소송

다른 분야에서의 안전과 마찬가지로 실질적인 방사선 안전은 대부분 교육, 훈련 그리고 무지 극복에 대한 문제이다. 역사적인 예로, 라듐 눈금판 도장공들의 사례가 있다. 그들은 20세기 초반, 야광 페인트로 시계와 눈금판을 그리는데 고용된 어린 소녀들이었다. 페인트 속에는 라듐이 들어있었으며 라듐의 방사성 붕괴는 어둠 속에서 빛을 내는 에너지를 제공했다. 미세한 선, 숫자 그리고 점을 칠하는 것은 까다로운 작업이었기 때문에, 일을 가장 잘했던 직원들은 붓끝을 뾰족하게 하려고 붓을 계속 핥았다. 제1차 세계대전에서 이 산업은 더욱 번창했다. 그러나 1926년이 되어서야 붓을 핥는 기술이 뼈암을 유발한다는 사실이 밝혀졌고, 이 관행은 중단되었다. 이 조치는 〈그림 5-2〉에서 명백히 볼 수 있듯이 효과적이었다.

라듐은 칼슘과 같은 화학적 성질을 가지고 있어서, 일단 몸 속에 들어가면 치아와 뼈로 가게 되어 그곳에 오랫동안 남는다. 또한, 문제의 동위원소인 라듐-226은 반감기가 1,200년이기 때문에 남은 생애 동안 만성적인 알파 방사 선원으로 남게 된다.

그 알파 방사선의 범위는 매우 짧아서 인체내부, 뼈에 손상을 입힌다. 뼈암은 형태가 다양하지만 상대적으로 특이하고 그 영향을 인식하는데 통계적 전문지식이 필요하지는 않다. 〈그림 5-2〉는 노

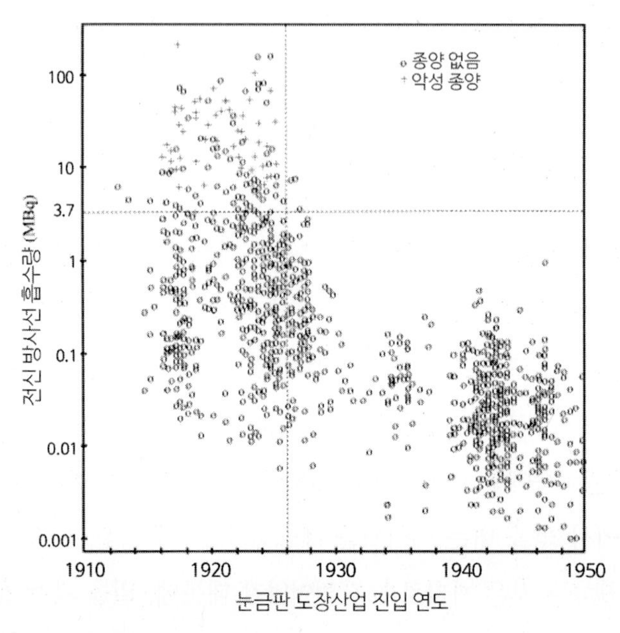

〈그림 5-2〉 라듐 눈금판 도장공들의 사망에 관한 자료. 이 자료는 방사능 흡수 및 진입 연도 별로 뼈암(+) 및 기타 (o) 원인에 의한 사망 여부를 보여 준다. 수평 점선은 뼈암의 문턱값, 3.7 MBq를 나타낸다.

동자의 죽음을 나타내는 그래프로, x축은 그들이 작업을 시작한 날짜이며 y축은 그들의 전신 방사능 선량이다. 뼈암으로 사망한 사람들은 '+'로, 이를 제외한 모든 사람들은 'o'로 나타나 있으며, 1926년 이후 작업을 시작한 사람들(수직 점선) 중 뼈암으로 사망한 사례가 없고, 전신 선량 3.7 MBq (수평 점선) 이하에서 사망 사례도 없다는 점을 유의해야 한다. 전체 숫자 중, 3.7MBq 미만의 노동자는 1339명으로 암 발병은 없었고, 3.7MBq 이상을 받은 191명 가운데 뼈암으로 인한 사망자는 46명이었다.

이 그래프는 전신 알파 방사능의 명확한 암 문턱값이 약 3.7

MBq임을 보여준다. 또 하나의 분명한 메시지는 안전기준들이 필요하고 공교육이 병행되어야 한다는 것이었다. 1926년부터 시행된 이 공교육과 안전기준을 통해 안전이 확보되었다.

하지만, 이 사건은 여러 복잡한 결과와 함께 방사선 안전의 역사에 긴 그림자를 드리웠다. 새로운 안전 체제는 경영진의 책임전가와 노동자들의 소송에 뒤이어 도입되었으나, 핵 방사선에 대한 공포와 불신을 불러일으키는 최초의 계기가 되었다. 사실 법이란 것은 과학을 이해해야 하는 지침이 아니라 순종해야 하는 지시로 바꾸어 내는 전적으로 부적합한 수단이다. 방사선의 역사에서 라듐 소녀의 사례는 안전 자문가들사이에서 심지어 불필요한 경우에도 교육의 필요성보다 예방 조치의 필요성을 우선시하는 결과를 낳았다. 또한 안전의 목표가 많은 조직의 종업원들을 상해로부터 보호하는 것이 아니라, 소송으로부터 책임자들을 보호하는 문제로 되었다. 종업원들 입장에서는 과학에 대한 협력과 교육이 필요했지만, 미지의 과학은 곧바로 직원들의 불신의 대상이 되었다.

긍정적인 측면은, 이 사건이 문턱값이 존재한다는 증거를 보여준 것이다. 소송 절차에서 수년간 〈그림 5-2〉의 데이터를 자유롭게 이용할 수 없었지만, 결과를 보기 위해서 그렇게 야단스러운 통계가 필요하지는 않았다.

전신 방사능 문턱값 3.7 MBq는 1941년 미국 국가표준국에 의해 제정되었다. 평생 만성 선량에 대한 실제적인 문턱값은 로블리 에반스에 의해 10 Gy로 설정되었으며, 이는 연간 1,000 mGy의 영역에 해당한다.

새로운 원소, 플루토늄의 안전성

1945년 나가사키에 투하된 핵폭탄은 히로시마에 투하된 우라늄-235 핵폭탄과는 달리 플루토늄-239가 사용됐다. 플루토늄은 1942년 12월 이후 첫 번째 원자로에서 대량 생산되기 전까지 마이크로그램 양으로만 존재했던 인공원소다.

플루토늄-239는 반감기가 2만 4100년으로 알파 방출에 의해 붕괴되며, 핵분열률은 알파방출률에 비해 4.4×10^{-12}배 낮다. 따라서 사실상 중성자에 의해 인위적으로 자극을 받은 경우를 제외하고는 절대 핵분열하지 않는다. 이는 공포영화 속 이미지와는 달리, 플루토늄-239가 오히려 무해한 물질이라는 사실을 보여준다.

라듐 눈금판 도장공에 의해 라듐의 발암효과가 큰 파장을 일으킨 이후, 그동안 알려지지 않았던 알파 방출체에 대해 극도로 경계하고 의심하는 사회적 분위기가 조성됐다. 그 누구도, 야심차지만 비과학적인 변호사 집단에 맞서 곤란한 상황에 직면하기를 원하지 않았다.

새로운 원소에 대해 제대로 된 안전체계를 구축하기 위해 플루토늄의 공급과 실험을 진행하는데 충분한 시간이 필요했을 것이다. 동물로 하는 실험조차도 시간을 잡아먹기는 마찬가지이다. 그러나 적당한 플루토늄의 양을 확보해 가공하고 필요한 안전성을 갖추는데 소요되는 시간은 엄청났다. 임계 질량(1945년에는 수 kg)을 만드는 것은 안전 절차를 처음 고려해야 했던 1942년 당시, 처음 이용 가능했던 마이크로그램 단위 분량을 10억배나 더 많이 늘리는 것이었고 이 과정은 플루토늄의 생산과 관리 책임을 떠맡은 안전당국에 매우 큰 부담이었을 것이다.

그럼에도 불구하고, 안전 작업관행은 비밀리에 신속히 결정되어야 했다. 동물실험을 서둘렀지만 항상 일관적인 결과가 나오지는 않았다. 이러한 불확실성은 인체를 대상으로 한 생체실험을 불가피하게 만들었다. 이 실험들은 비밀리에 수행됐고 실험대상으로 이용된 사람들조차 모르게 진행되었다. 결국 수년 뒤 실험에 동원된 속임수가 드러났고, 대중들의 불신을 가중시켰다.

실험에서 도출된 불확실한 결론과 비밀 유지, 압력과 명백한 그 당시의 자신감 결여는, 마리 퀴리의 "삶에서 아무것도 두려워해선 안되고 그것들을 이해해야 한다."라는 충고와는 정반대로, 너무나 쉽게, 지나친 안전 규제로 이어졌다. 그러나, 불행히도 이 불신의 유산은 번복되지 않았고 플루토늄은 최악의 독극물이라는 누명을 벗지 못했다. 할리우드와 언론은 플루토늄이 지구상에서 가장 위험한 원소라고 규정했지만 진실로 가장 위험한 원소는 산소라는 사실을 알지 못했다.

플루토늄과 라듐 두 원소는 모두 뼈와 치아에서 발견되지만 플루토늄은 라듐보다 쉽게 체외로 배출되며 라듐과 같은 정도로 뼈에 침투하지 않는다는 사실이 인정됐다. 맨해튼 프로젝트의 과정에서 플루토늄 분진을 흡입하는 것이 가장 큰 우려를 불러일으켰다. 그러나 당시 폐(허파) 방사능이 52Bq 이상을 보였던 모든 로스알라모스의 노동자들의 의료 기록은 42년 후인 1991년의 분석에서 플루토늄과 관련된 그 어떤 부정적인 영향도 보여주지 않았다.

	동위원소	kg 당 방사능(Bq)	비고
라듐 눈금판 도장공	라듐-226	53,000 (흡수)	전신 암발병 문턱값 3.7 MBq
로스알라모스 작업자, 42년 후 최고치	플루토늄- 239	4,540 (흡수)	3,180 Bq 폐 질량~ 0.7 kg 내
라돈, 100 Bq/m3 (또는 4 pCi/리터)	라돈-222	~100 (공기 중)	안전한계 내로 추정
알렉산더 리트비넨코, 2006년 암살	폴로늄- 210	10-40 M (흡수)	1,000-3,000 MBq 전신, 사망[39]
해롤드 맥클루스키, 작업자 사고 1976	아메리슘- 241	0.5 M (흡수)	37 MBq 전신. 11년 간 암 발병 없음

〈표 5-2〉 다양한 알파 방출체에 의한 높은 내부 방사능 인체 사례 비교.

로스 알라모스에서 일했던 한 노동자의 경우 1987년(또는 사망 시)의 폐 방사능은 3,180 Bq 범위까지 이르렀고 평균값은 500Bq 이었다. 가장 높은 방사선은 〈표 5-2〉의 라듐 눈금판 도장공에게 발견된 문턱값과 비교할 수 있다.

분명히, 가장 높은 수준의 플루토늄 방사능도 라듐 눈금판 도장공의 발암 문턱값에 현저히 미치지 못한다. 만약 그 차이가 적었다면, 이 비교는 잘못되었겠지만, 이 사례는 그렇지 않았다. 1940년대 플루토늄 작업자들의 안전을 책임졌던 사람들이 우려했던 최악의 공포는 실제로 실현되지 않았다. 그럼에도 불구하고, 플루토늄은 여전히 상상할 수 있는 가장 위험한 물질로 대중의 마음속에 그대로 남아있다.

리트비넨코와 맥클루스키의 극단적인 경험,

악의적인 의도를 가지면 어떤 기술이든 위험하다. 2006년 11월 런던에서 러시아 정보요원 알렉산더 리트비넨코가 (찻잔에 넣은 폴로늄-210으로) 독살되었다. 찻잔 속의 폴로늄-210은 알파 방출체로 그 막대한 선량은 비록 다른 사람들에게 위험을 끼치진 않았지만 그가 마신 후에는 치료가 불가능했고 그는 결국 3주 후 사망했다.

단일 사례는 본질적으로 흥미있게만 보인다. 그러나 해럴드 맥클루스키의 이야기는 적어도 행복한 사례다. 1976년 핸포드 플루토늄 마감 공장에서 그는 납 유리 스크린 뒤의 글러브 박스를 통해 작업하고 있었다.

폭발이 일어났을 때, 그는 아메리슘-241을 직업 한계치의 500배 정도인 최소 37MBq 섭취했다. 아메리슘-241은 가정용 연기경보기에 소량으로 사용되는 알파 방출체로, 원자력폐기물의 구성요소이다. 하지만, 맥클루스키는 사고 후 11년 더 생존했고 관상동맥질환으로 사망했다. 사후 검사 결과 그의 몸에서 암의 징후는 발견되지 않았다. 그가 피폭된 방사선량은 라듐 눈금판 도장공의 문턱값보다 10배 더 큰 값이었고, 〈그림 5-2〉의 검토 결과 그와 비슷한 방사능을 받은 도장공들의 암 사망 확률은 50%나 되었지만 그는 운이 좋았고 75세의 나이로 사망했으며, 최후까지 원자력 발전의 열렬한 지지자로 남아 있었다.

천연의 농축된 그리고 열화된 우라늄

플루토늄과 마찬가지로 우라늄은 전형적인 알파 방출체로서 자연상태에서는 핵분열을 하지 않고, 많은 에너지를 방출하지도 않는다. 우라늄은 자유 중성자에 의해 자극을 받았을 때만 핵분열을 시작하며 중성자는 작동 중인 원자로나 폭발 무기를 제외하곤 주변에 존재하지 않는다. 결과적으로, 우라늄은 놀랍도록 안전하고 다루기 쉽다. 우라늄의 가장 명백한 특성은 밀도인데, 그 밀도는 물의 19.1배이고 강도와 녹는 온도가 높다는 점이 살상무기에 사용되는 이유이다.

천연 우라늄은 99.3%의 우라늄-238(반감기 141억년)과 0.7%의 우라늄-235(반감기 7억년), 그리고 미량의 우라늄-234로 이뤄져 있다. 원자로 연료로 사용되는 농축 우라늄은 우라늄-235가 몇 퍼센트를 차지하지만, 취급하는데 전혀 위험하지 않다. 농축된 우라늄의 양이 기하학적 구조와 농축의 임계 조건에 접근하기 시작할 때 비로소 중성자가 증식하기 시작하며, 이를 제외하곤 우라늄은 상당히 안전한 물질이다.

열화 우라늄은 우라늄-235의 비율이 낮아졌기 때문에 훨씬 더 안전하며, 낮아진 비율로 인해 감손 우라늄이라고도 불린다. 이 열화 우라늄에 위험성이 없다는 것은 왕립 협회가 작성한 두 보고서의 주제였다.

제6장

물리 과학의 보호막

우주는 태초에 창조되었다. 이 주장은 많은 사람들을 분노하게 했으며, 잘못된 것으로 널리 여겨져 왔다.

- 더글라스 애덤스 (1952 - 2001)

자연에서의 방사능의 힘

자연방사선의 구성 요소

쿨롱 장벽이 제공하는 핵 보안은 너무 훌륭해서 핵 에너지의 존재가 우연히 발견되었던 19 세기의 마지막 몇 년까지 알려지지 않았다.

아무도 숨은 보물의 존재를 짐작하지 못했다. 관통할 수 없는 쿨롱 장벽의 방어벽은, 지구가 형성되기 이전에 일어났던 원소를 만드는 핵폭발의 극단적 조건에서 잠재적 에너지가 우발적으로 방출되는 것을 막아왔다. 오늘날 수소를 제외한 모든 것들은 사실 그 시대에서 나온 핵 폐기물이며, 이후 쿨롱 장벽으로 방사능은 급속히 안정됐다. 남아있던 불안정한 핵들은 대부분 안정된 형태로 붕괴됐고, 오늘날 우리 주변에서 발견할 수 있는 특정 원자로 남아있다. 비록 오래전의 일이었지만, 매우 긴 수명을 가진 우라늄-235, 우라늄-238, 토륨-232, 칼륨-40과 같은 몇몇 예외적인 동위원소들은 여전히 남아 붕괴하고 있다. 바로 이 원소들이 우리가 자연 방사능이라 칭하는 방사선원이다. 이 원시 방사성 동위 원소들은 낮은 농도로 사방에 도처에 존재한다. 칼륨-40은 모든 생명체에 자연적으로 존재하며, 연간 0.24 mGy정도로, 인체가 발산하는 내부 방사선량의 대부분을 차지한다. 반면, 암석, 토양 그리고 물에 존재하는 방사성 핵은 감마선과 라돈 가스를 포함해 연간 약 1.2 mGy로 인체 외부 방사선량의 대부분을 제공한다. 이를 제외한 나머지는 의료 선량과 우주에서 나오는 우주 방사선이다. 우주에서 날아오는 이 우주 방사선은 대기의 상단에 충돌할 때 대량의 2차 방사선을 발생시키며 일부 2차 방사선은 지상에 도달하기도 한다.

이른바 자연 방사선이라고 불리는 이 방사선은 연간 약 1.0 mGy이지만, 위치에 따라 많이 달라진다. 지역 암석 구성과 그것들에서 나오는 라돈 방출량의 편차는 브라질, 콘월, 체코, 인도, 콜로라도 등지에서 연간 수십 mGy의 선량 편차를 보이는 원인이다. 보고된 선량은 예를 들어, 모래 속에 묻혀 있거나, 통풍이 되지 않는 지하실에 위치하거나, 신선한 공기를 들이마시는 등 다양한 조건에 따라 변한다. 라돈을 이용해 건강상의 이점을 주는 온천은 일본, 자메이카, 독일 뿐만 아니라 앞서 언급한 지역에서도 매우 흔하다.

지구 자기 극지방에 더 가깝고 고도가 높아질수록, 우주 방사선은 증가한다. 왜냐하면 우주 방사선은 지구 자기장에 의해 덜 굴절되고 대기에 의해 흡수되기 때문이다.

지구의 방사선 역사

지구가 형성되어 냉각되기 시작한 후, 생명은 서서히 감소하는 전리방사선에 내성이 생기도록 진화됐다. 만약 그렇지 않았다면, 생명은 살아남지 못했을 것이다. 지구 초기에 방사선의 흐름은 오늘날처럼 지구의 암석, 토양, 물 안에서 일어나는 국소 방사성 붕괴와 우주에서 지구 표면에 도달하는 방사선 양쪽에서 왔다. 어떤 원소들은 여전히 지각에 남아있고 어떤 것들은 45억년 동안 붕괴되어 사라졌다. 사라진 방사성 동위원소의 반감기에 대한 지식은 모두 실험실에서 얻어졌다.

연구결과 지구 생성 첫 10억년 동안 지구 지각에 존재하는 방사능의 가장 큰 변화는 우라늄-235(수명 7억년)의 점진적인 붕괴라는 것을 확인했다. 다른 주요 동위원소인, 칼륨-40(12.5억년), 토륨-232(141억년), 우라늄-238(45억년)의 수명은 방사능이 크게 변하지 않을 정도로 아주 길지만, 넵투늄-237(200만년)은 일찍 소멸되었을 것이다. 그때와 지금의 큰 차이는 지각판 운동을 일으키는데 사용 가능한 에너지일 것이다; 과거의 에너지는 지금보다 2

배 정도 컸을 것이다. 지구의 화산활동도 그만큼 컸었음에 틀림 없다. 2011년 3월 일본에서 명백히 보았듯이, 오늘날에도 지구 표면의 변화는 방사선 자체보다 생명과 안전에 더 큰 영향을 미친다.

오늘날 대기에 여과된 우주 방사선은 자연선량의 겨우 10%에 해당하는 선원이다. 대기의 구성은 과거에 다양했고, 오존층 변화는 지표면에 도달하는 자외선에 영향을 주었다. 과거에는, 은하계 내외의 별의 폭발을 포함한 외부 사건들이 우주방사선의 흐름에 영향을 끼쳤을 가능성이 높다.

지구에 쏟아진 방사선은 지구의 자기장에 영향을 받았으며, 데이터는 과거에 자기장의 변화도 잦았음을 보여주고 있다.

지금보다 더 많은 이산화탄소와 수증기로 대기가 더 두꺼웠던 시절도 있었지만, 대기 중 방사선 차폐 효과가 약했던 시절이 있었을 가능성이 크다. 그 변화가 어떤 것이든, 이 변화들은 암석으로부터 나오는 방사선의 변화보다 생명체 활동에 더 큰 영향을 미쳤을 것이다. 실제로, 오늘날, 인류는 대기의 심각한 변화에 직면해 있으며 그 영향은 지각 방사선의 영향보다 훨씬 더 강력할 것이다. 그 중요성은 계속해서 방사선보다 두드러질 것이다.

판구조론의 힘

다음 〈표 6-1〉에는 지구 표면에 존재하는 주요 자연 방사능물질들이 나열돼 있다.

이 방사능물질이 붕괴하면서 방출하는 에너지는 지구 내부의

	칼륨-40	토륨-232	우라늄-235	우라늄-238
반감기	1.27×10^9 년	14.1×10^9 년	0.5×10^9 년	4.5×10^9 년
절대원소 존재량	20,900 ppm	9.6 ppm	2.7ppm	2.7 ppm
상대적 동위원소 존재량	0.01%	100.00%	0.70%	99.30%

〈표 6-1〉 자연적으로 발생하는 주요 원시 방사성 동위원소
(ppm은 백만분율을 의미한다.)

높은 온도를 유지하기에 충분하며, 지구 맨틀의 느린 방사상 대류 순환을 일으킨다. 그 결과, 지구의 맨틀 위에 떠 있는 지구 지각의 덩어리들을 움직인다. 이 지각의 덩어리들을 지각판이라고 하며 이들의 충돌과 상대적 운동이 모든 화산과 지진 활동의 원인이다. 2011년 3월 일본에서 일어난 지진과 쓰나미는 후쿠시마 원자로에서 방출된 인공 붕괴열보다 훨씬 더 광범위한 피해를 주는, 지구 자체의 자연 방사능 붕괴열로 인한 것이다.

우리가 위를 올려다보면, 우리의 시야는 가로막힐 것이 없다, 그러나 지구에서 수백 미터 아래에서 일어나는 일은 알 수가 없다. 우리는 깊은 광산의 온도가 높고, 지구의 중심부를 향해 갈수록 온도가 높아진다는 것을 알고 있다. 지구기온의 장기적인 변화는 지구가 생성된 이후부터 열이 대류 및 전도에 의해 지속적으로 지표로 흘러나갔다는 것을 의미한다. 현재 지구의 열 손실은 약 44 TW(테라와트)로 측정되며, 이 열이 보충되지 않으면 지구는 백만 년마다 2도씩 냉각된다. 방사능의 역할을 알지 못한 채 1862년에

처음으로 시도된 캘빈 경의 계산은 지구가 45억년의 수명에 비해 훨씬 더 많이 냉각되었어야 함을 시사했다.

> 만약 지구의 내부 방사능이 44.2 TW (4.42×10^{12}와트)를 꾸준히 생성한다면, 이는 얼마만큼의 방사능 에너지 선량에 해당하는가?
> 지구의 질량은 5.9×10^{24} kg이므로, 1년에 0.23 mGy(kg당 2.3×10^{-4} J)를 받는다. 간단한 계산을 통해 탄소-14와 칼륨-40의 경우, 지구의 내부 선량이 모든 사람이 인체 내부 방사능으로부터 1년동안 받는 선량과 거의 같다는 사실을 알 수 있다.

지각판의 움직임을 대규모로 보여주는 징후는 불의 고리이다. 이 고리는 한 줄로 뻗어 있는 화산, 해구들이다. 뉴질랜드부터 태평양, 적도를 지나 인도네시아의 섬들과 일본 북부와 캐나다를 지나 캘리포니아의 산 안드레아스 단층과 남미의 칠레 해안을 따라 남쪽으로 이어지는 거대한 원호를 의미한다.

다윈과 1835년의 칠레 지진

찰스 다윈은 HMS 비글호에 탑승해 항해 중, 1835년 컨셉시온과 탈카후아노를 파괴한 칠레의 지진과 쓰나미를 목격했다. 그는 2월 20일 일기에 이렇게 썼다.

> 이 날은 팔디비아 역사에서 기억할 만한 날이었다. 왜냐하면 가장 나이가 많은 주민들이 겪은 사상 최대의 지진 때문이다.

마침 나는 해변에 있었고, 휴식을 취하기 위해 숲속에 누워 있었다. 지진은 갑자기 시작되었으며, 2분동안 지속되었지만 훨씬 길게 느껴졌다. 심한 지진은 우리의 지구를 한 순간에 파괴했다; 견고함의 상징인 지구는 마치 액체 위의 얇은 껍질처럼 발 아래에서 움직였다. 1초라는 시간 동안 몇 시간의 심사숙고도 만들어 내지 못할 기이하고도 불안한 마음에 시달렸다.

그리고 3월 4일, 우리는 지진으로 인해 발생한 쓰나미의 영향을 보았다:

우리는 컨셉시온 항구로 들어갔다. 배가 닻을 올리는 동안, 나는 퀴리키나 섬에 상륙했다. 20일의 대지진에 대한 끔찍한 소식을 나에게 전하기 위해 영지의 촌장이 재빨리 말을 타고 내려왔다:

"지진 때문에 컨셉시온이나 탈카후아노(항구)에 있던 집은 모두 무너졌고 70개의 마을이 파괴되었다. 큰 파도는 탈카후카노의 잔해를 쓸어가 버렸다."

그의 마지막 진술에 대해서 나는 많은 증거들을 볼 수 있었다. 해안 전체는 마치 천 척의 배가 난파된 것처럼 목재와 가구들로 뒤덮였다, 부서진 의자, 탁자, 책꽂이 등등이 수도 없었고 거의 통째로 운반된 몇 개의 오두막 지붕도 볼 수 있었다.

다윈의 과학적 관찰은 인상적이며 심오한 물리적 직관을 보여준다.

섬의 기초를 이루는 딱딱한 기초 점판암에 진동이 미치는 영향은 여전히 호기심을 자아낸다. 일부 좁은 능선의 표면적인 부분들은 마치 화약이 폭발한 것처럼 부르르 떨렸다. 새롭게 금이 가고 제자리를 벗어난 토양으로 두드러지게 눈에 띈

이 현상은 반드시 표면 근처에서만 일어났을 것이다. 그렇지 않을 경우, 칠레 전역에는 단단한 바위덩어리가 존재하지 않게 될 것이다; 이와 같은 이유로, 지진은 깊은 광산내부에서 엄청난 대혼란을 일으키지 않은 것 같았다.

자연재해에 대한 사회의 반응

당시 대중들은 자연재해를 받아들이고 있었지만, 약탈과 불화는 빈번하게 뒤따라 발생했다. 1906년, 샌프란시스코 지진은 심각한 화재로 이어졌으며, 아무도 지진 자체에 대해 당국을 탓할 수 없었지만, 화재의 책임을 둘러싸고 많은 이견이 존재했었다.

지진이 발생한 5개월 후, 영국 총영사는 보험 붕괴, 도시를 둘러싼 파업과 폭동, 논쟁과 불평으로 가득한 분위기, 영원할 것 같은 낙관주의를 버리고 도시의 장기적 미래에 대해 의문을 던지기 시작한 지역 언론들에 대해 기록했다.

사회에 대한 신뢰 상실은 자연재해가 줄 수 있는 가장 심각한 결과이다. 재난 그 자체에 대해 무엇도 할 수 없기 때문에, 불신은 2차적인 결과, 즉 인사사고에 집중되며 이를 둘러싼 비난과 소송이 수년 동안 계속 맹위를 떨칠 수 있다. 샌프란시스코의 경우 화재였으며 후쿠시마에서는 핵 방사선의 노출이었다. 비록 선례는 이런 인간의 반응을 예상할 수 있다고 하지만, 불신은 어떤 증거로도 정당화될 수 없는 것이다. 이런 불신은 24시간 활동하는 매체를 통해 과거보다 더 널리 전 세계로 퍼져나간다. 이 점은 담당자들이 이런 사회적 현상을 제대로 인식하는 것이 매우 중요하다는 사실을 말해준다.

후쿠시마 사고 이후에 원자력 발전에 대한 신뢰가 상실되었다는 것이 좋은 예이다. 대중은 물리적인 관점에서 원자력이 생산 시점부터 정말 안전하다는 것을 이해해야 한다. 핵물질에 관해 인간이 만든 규제는 이 에너지원을 둘러싸고 있는 물리적 특성이 제공하는 안전에 비하면 희미한 그림자일 뿐이다.

다윈의 시대에 자연에 관한 그의 결론은 만연한 종교적 사고방식에 의해 방해를 받았다. 오늘날 자연을 향한 현실적인 태도는 방사선 공포증이라는 통속적 시대정신에 의해 방해받고 있다.

원자력의 물리적 안전

원자력 잠금 장치의 유일한 열쇠, 중성자

원자력 에너지의 비상한 물리적 안전성에도 불구하고 이의 해제는 충분히 가능하다. 그 열쇠는 바로 1932년까지 존재 자체를 알 수 없었던 중성자이다. 중성자는 고작 몇 분의 반감기를 갖기 때문에, 자연상태에서 발견한다는 것은 불가능하다. 자유 중성자가 발견되는 유일한 장소는 운전중인 원자로와 순식간에 폭발하는 핵무기의 화염이다. 지진 직후, 일본의 모든 핵분열 원자로가 정지되었던 것처럼, 중성자는 원자로가 정지되는 즉시 모두 제어봉에 흡수되며 핵분열은 즉시 중단된다. 그 이상의 에너지는 핵 붕괴, 즉 붕괴열로 방출된다.

중성자는 양성자의 형제이지만 양성자와는 달리 전하를 띄지 않는다. 전기적 쿨롱 장벽을 감지하지 못하는 중성자는 핵 내부로 자유롭게 통과할 수 있다.

다소 중요하지 않아 보일 수 있지만, 중성자는 때때로 핵에서 튕겨 나온다. 이는 작동중인 원자로의 중성자가 감속재에 에너지를 전달하는 방법으로, 감속재로는 주로 물이나 흑연이 사용된다. 이후, 에너지는 전기를 생성하기 위해 증기 터빈으로 운반된다.

또한, 중성자는 때때로 원자핵과 반응해 주로 방사능을 띠는 새로운 동위원소를 만들며 이는 새로운 방사능이 생성되는 유일한 방법이다. 이미 언급한 예로는, 플루토늄, 아메리슘, 코발트-60, 삼중수소의 생산이 있으며 원자로가 정지되면 카드뮴, 붕소 같은 중성자 흡수 원소 물질이 원자로 노심 안으로 삽입된다.

원자핵에 부딪히는 중성자는 때때로 정말 예외적으로 핵분열을 일으킬 수 있다. 철의 핵(A = 56)은 어떤 무거운 핵보다 안정적이지만, 핵분열은 쿨롱 장벽에 의해 억제된다. 핵분열 자극이 억제되지 않는 이상, 중성자는 우라늄-233, 우라늄-235, 플루토늄-239와 같이 홀수 수의 중성자를 가진, 유난히 무거운 핵에 필요한 추가적인 자극을 제공할 수 있다. 또한 고속 중성자는 짝수의 중성자를 가진 무거운 핵에도 핵분열을 일으킬 수 있다. 상대적으로 희귀한 이 동위원소들이 잠금장치라면, 중성자는 유일한 열쇠로 원자력은 핵분열을 통해 에너지를 방출할 수 있다. 나는 이보다 더 안전한 것을 상상할 수 없다고 주장한다.

본질적인 물리적 안전

불은 번지고 확산되어 더 큰 화재를 만들 수 있다. 질병도 감염에 의해 번질 수 있다. 하지만, 방사능은 확산될 수 없다. 방사능은 한 장소에서 다른 장소로 이동할 수는 있지만 증가하지 않고, 특정한 반감기에 따른 붕괴로 감소된다.

각 방사성 핵은 낮은 에너지의 핵으로 변화할 때, 딸핵이 방사능을 띠지 않는 한, 단 한번 방사선을 방출한다. 그리고 그게 끝이다. (딸핵이 자체적으로 방사능을 띠는 것은 제외한다)

마리 퀴리와 피에르 퀴리는 방사능의 붕괴속도가 온도, 압력, 화학물질에 영향을 받지 않는 성질에 가장 깊은 인상을 받았고, 방사능이 이전에 연구되었던 것보다 훨씬 더 깊은 원자 내부에서 나오고 있다는 것을 깨달았다. 원자핵붕괴는 다른 어떤 요소에도 영향을 받지 않기 때문에 방사능 물질은 녹거나 끓어올라도 전혀 문제가 되지 않는다. 즉, 많은 핵 공포영화의 중심이 되는 원자로 노심 용융은 사실 핵 붕괴에 어떤 영향도 끼치지 않는다. 외부 환경으로 방사능을 유출하거나 분산시킬 수 있지만, 방사능의 양이나 방사능이 붕괴하는 속도를 증가시키지 않는다. 만약 이 사실이 알려졌다면, 그것이 원자력과 방사선의 파괴적 위력을 강조한 많은 B급 공상영화들의 흥행을 망쳤을지는 몰라도 원자력발전소 사고에 대한 대중들의 공포반응과 언론의 잘못된 설명은 막을 수 있었을 것이다. 방사능 붕괴는 비소나 납과 같은 화학적 독극물이 영구적으로 독성을 유지하는 것과는 전혀 다르다.

후쿠시마 사고가 일어난지 몇 달 후에 방사능에 노출된 사람들이 다른 사람들에게 영향을 줄 수 있다는 이유로 배척당했다는 안타까운 사연이 일본 언론에 보도되었다. 히로시마와 나가사키의 생존자인 히바쿠샤도 같은 일을 겪었다.

사람들은 오해 속에서 전리방사선이 특별한 질병이나 손상을 일으킬 수 있다고 걱정한다. 하지만 4장에서 설명한 것처럼, 방사선은 아주 무차별적이다. 방사선은 어떤 특정한 분자를 손상시키도록 조정되지 않는다. 손상은 순전히 분자와 전자에 의한 것이며, 물질의 원자핵은 방사선의 충격과 방사선이 일으키는 손상에 어떤 관여도 하지 않는다.

고대의 자연 원자로에서 나오는 폐기물

1942년 시카고에 엔리코 페르미가 건설한 원자로는 종종 세계 최초라고 설명되는 경우가 많지만, 흥미롭게도 이는 사실이 아니다. 1970년대 서아프리카 가봉의 오클로에서 무려 20억년 전 가동된 우라늄 원자로의 잔해가 발견됐다. 이 원자로는 스스로 작동되는 천연 원자로로, 원자로의 연료가 소진됐을 때 연료가 생성한 원자력 폐기물은 그것이 발생한 곳에서 그대로 남았다. 이 흥미로운 이야기는 사이언티픽 아메리칸 리포트에 실려 있다.

우라늄-238은 우라늄 원석의 대부분을 차지하며, 우라늄-235는 약 0.720%를 차지한다. 그러나 프랑스 지질학자들이 오클로에서 풍부한 우라늄 침전물을 발견했을 때, 그 농도는

0.717%에 불과했으며, 이후 진행된 조사 업무에서 그곳에서 무슨 일이 일어났었는지 증명할 수 있었다. 우라늄-235는 70만년의 반감기로 알파 방출에 의해 붕괴되기 때문에, 20억년 전 우라늄-235의 농도는 현재보다 약 3%포인트 높은, 오늘날 많은 원자로에서 사용되는 농축 연료와 거의 유사했을 것이다. 또 다른 원자로의 중요한 요소는 물로, 오랜 세월동안 오클로에서 계절이 변화함에 따라 지하수면이 오르고 낮아지면서 원자로를 조절했던 것으로 밝혀졌다. 과학자들은 남겨진 폐기물 중 희귀 원소를 통해 오클로에서 일어난 일을 재구성할 수 있었다.

오클로 원자로는 중요한 메시지를 제공한다. 바로, 방사능 폐기물이 이산화탄소처럼 환경에 그냥 방출된다고 생각하는 것은 매우 잘못된 생각이라는 것이다. 방사성 폐기물이 지구 나이의 절반 가까이 동안 외부로 퍼져 나간 것이 아니고, 한 곳에 그대로 머물렀다는 사실을 보여주는 증거가 있다. 따라서 지하수를 통해 유출되는 핵 폐기물에 대한 우려는 반드시 위 사실과 연관지어 생각해야 한다. 치료용 온천을 우리의 후손에게 계승하는 것은 위험이 거의 없다.

제7장

자연 진화의 보호막

너의 삶에서 먹을 것과 마실 것 그리고 너의 몸에 걸칠 것에 대해 걱정하지 마라. 목숨이 음식보다 중하지 아니하며 몸이 의복보다 중하지 아니하냐? 들판의 백합화가 어떻게 자라는가 생각하여 보라. 수고도 아니하고 길쌈도 아니 하느니라. 그러나 내가 너희에게 말하노니 솔로몬의 모든 영광으로도 입은 것이 이 꽃 하나만 같지 못하였느니라

- 마태복음 6장

방사선에 대한 자연의 반응

판도를 바꾸다

돌발적인 상황에 대한 반응이 적절했는지 밝혀지기까지는 오랜 시간이 걸릴 수 있다. 정신적으로 충격을 받은 상태에서 즉각적으로 내린 결론은 부적절하고, 해로울 수 있다. 2001년 뉴욕 무역센터의 테러 공격이 바로 그 사례이다. 미국 행정부는 이 사건을 국가 역할의 판도를 바꾼, 획기적인 사건이라 판단했으며 지난 세기

들 동안 쌓아온, 정의와 외교에 기초한 규칙과 치침을 더 이상 적용하지 않기로 했다. 그로부터 10년 동안 재판 없는 투옥, 국가가 주도한 거리낌 없는 감시활동 그리고 이길 수 없는 전쟁을 치르면서 초기의 갑작스러운 판단이 잘못되었다는 사실에 모두 동의했다.

1945년 일본에 투하된 두 개의 핵폭탄이 폭발한 것은 이와 비슷한 영향을 미쳤다. 삶의 규칙이 갑작스레 바뀐 것 같았고, 폭탄 뒤에 있는 정신은 아주 전능해 보였다. 물리학과 물리학자들이 안전에 관해 무엇을 말하던 가장 우선권이 주어졌다. 원자력의 위력은 두려움을 불러일으켰고, 핵 물리학에 정통하지 않은 과학자들은 사람들의 우려에 대응하기 위해서 추가된 유의 사항들에 그저 동의할 수밖에 없었다. 오직 수백만 명의 사람들에게 실질적인 건강상의 혜택을 제공했던, 마리 퀴리의 유산인 저·중준위 임상의학만이 두려움없이 지속되었다. ·

자연적으로 그리고 즉각적으로 반응하는 생물학적 보호

필요한 에너지만을 기초로 건강상의 결정을 내렸을 때 발생하는 효과는 물리학자가 주장한 다음과 같은 이야기로 설명될 수 있다.

> 물리학자와 생물학자는 3개월 후에 열리는 마라톤에 참가한다. 물리학자는 대회 당일 신체 저장량이 최고조에 달하려면 가능한 많은 에너지를 축적해야 하며, 대회 전까지 침대에 누워 있어야 한다고 주장한다. 반면, 생물학자는 생물체가 스

트레스에 대한 반응에 일반적으로 적응한다는 상식을 적용한다. 매일 그는 운동을 위해 달리며, 거리를 조금씩 늘려서 실제 마라톤과 같은 거리까지 계속 뛴다. 대회 당일, 생물학자는 멋진 경주를 해내지만 물리학자는 절반도 못간 채 병원으로 옮겨지게 된다.

이 메시지는 아주 명확하다. 과연 이 메시지를 방사능에 의한 스트레스에도 적용할 수 있을까? 불행히도 안전성에 대한 당국의 관점은 물리학자를 따라 침대에 누워 있음으로써 피폭선량을 최소화한다는 것이다. 물리학보다 생물학이 상식적인 견해를 더 많이 고려하지만, 생물학은 지난 70년동안 대체로 무시되었다.

자연 생물학적으로 방사선의 위협으로부터 우리를 보호한다는 것은 이전 장에서 설명한 것처럼, 물리학적으로 핵에너지 방출이 제약돼 있는 것 만큼이나 중요하다. 이 두 가지는 상호 보완적이며 둘의 조합은 아주 효과적이다. 오직 예외적인 상황에서만 규제와 같은 제3의 보호를 추가해야 할 것이다. 생물학이 보여주는 반응은 현재의 안전 처방이 불필요하다는 것을 확인시켜준다. – 1945년의 원자폭탄 폭발과 그 뒤에 나타난 냉전의 과도한 선전에 대한 대중의 정치적 반응을 고려해서 정부가 실행한 안전처방들이 그 예들이다.

불행히도 생물학의 역할에 공감하는 물리학자는 거의 없고, 많은 생물학자는 배우지 않았기 때문에 이해할 수 없는 물리학의 수학적 논리에 경외심을 갖고 있다. 한편, 이 두 학문을 거의 이해하지 못하는 정치인과 언론에 이끌리는 대중은 혼란스러운 가운데 쉽게 공포에 질리게 된다.

결과적으로, 원자력은 수십 년 동안 불가사의하고 안전하지 않으며, 가능한 한 피해야 하는 존재로 여겨졌다. 하지만, 실제 원자력관련 산업의 안전성은 뛰어나며 현대 산업의 그 어떤 분야의 안전성에도 뒤지지 않는다.

생존을 위해 설계된 생물학

생명이 하는 일은 생존이며, 생명체는 시행착오를 겪으며 주변의 여러 조건에 알맞은 최상의 생존방식을 찾아낸다. 원칙적으로 생명체는 하나의 거대한 유기체로서 예를 들어, 천문학자인 프레드 호일이 그의 소설 블랙 클라우드에서 상상했던 것처럼 존재했을지도 모른다. 하지만, 그렇게 되었다면 생명체는 매우 취약해졌을 것이다. 생물학은 통계적으로 생존의 가능성이 다수의 성공가능 요소들로 나누어져 있을 때 가장 잘 보장된다는 것을 발견했고, 만약 일부가 실패하더라도 일부의 성공요소 또한 존재한다는 사실을 발견했다. 어떤 요소가 좋다면, 나쁜 요소들도 있다. 생물체에서 이런 설계상의 특성은 두 가지 뚜렷한 차원에서 일어난다-즉 개체적인 차원과 세포의 차원에서 일어난다. 사회, 혹은 생명 전체는, 모듈들-개체들-로 이루어지며, 각 개인도 역시 모듈식이라고 할 수 있는 세포로 이루어져 있다. 레고 블락을 가지고 노는 아이는 모듈화가 제공하는 다양성과 힘의 잠재력을 쉽게 배울 수 있을 것이다. 생물학에서 인식한 자연의 설계는 물리학이 인식한 자연의 설계와 달리 단순하거나 보편적이지 않다. 생물학의 경우는 다양한 형태로 나타난다- 주어진 지역 환경에서 생존을 위해 경쟁하는. 광범위한 집합체로서의 동식물, 곰팡이, 물고기, 곤충, 바이러스와 박테리아가 그 예이다.

생명을 다수의 개체들이라고 표현하는 것은 각 개체가 스스로 생존하면서도, 한 무리, 떼, 가족들 속에서 협력하고 함께 일한다는 의미이다. 또한, 그들은 내부적으로 강자와 약자를 선택함으로써, 얻을 수 있는 이익을 위해 서로 경쟁하고 싸우기도 한다. 대부분, 가장 오래되거나 약한 개체를 도태시켜 생존자들을 위한 자원을 극대화함으로써 전체 무리에 더 많은 기회를 준다. 하지만, 상호도움과 개인 간의 의사소통은, 특히 가족 집단 간의 의사 소통은 오히려 집단 전체의 생존 가능성을 향상시킬 수도 있다.

각각의 개체 안에서 그리고 미시적인 규모에서, 생물체의 설계는 많은 세포에서 개체들을 만드는 통계적인 전략을 반복한다. 이 세포들은 다른 기능들을 담당한다 그러나, 개체들에서처럼 위험의 분산은 정도의 차이는 있으나 상호 교환이 가능한, 많은 수의 세포들을 보유함으로써 달성된다. 개인의 고유한 유전자 바코드인 DNA의 복제품을 공급함으로써, 외부 공격에 대한 복원력을 키울 수 있다. 또 세포 간의 아군 오폭을 최소화하는 개인 식별 시스템의 역할도 수행할 수 있다. 세포간의 제휴는 이물질을 공격하는 면역체계가 감시한다. 한 개체 안에서, 화학적 메시지를 통해서 세포간에 이뤄지는 의사소통은 그룹안에서 개인들 사이에 음성, 서면, 전자적 수단에 의해 의사소통이 발달되는 것처럼 고도로 발달될 수 있다.

각 규모에서 디자인은 생존을 극대화하기 위해 다듬어지며, 모든 것은 재생산되고 대체될 수 있다; 세포는 세포 주기에 따라 복제되고 사망하며, 개체들은 유성 또는 무성생식으로 번성하며 사망한다. 만일 세포가 공격받아 살아남지 못할 경우에 세포의 대체물이 존재한다. 만일 개체가 죽으면, 다른 것이 그 자리를 대체한다. 생명은 한 개인의 생존이 아닌 종의 생존을 목표로 하며, 삶의 존엄성은 계획의 일부에 해당되지 않는다. 우리는 도전적인 상황에 직면할 때, 자연이 대규모의 개체 손실을 견뎌낸다는 유익한 사실을 기억해야한다. 지금까지, 문명의 실패는 또 다른 문명의 대체로 이어졌지만, 세계화로 인해 다원적 다양성을 통한 인간사회의 생존전략은 이제 한계에 도달한 것으로 보인다.

공격에 대한 능동적 반응

생명체가 세포나 개체 규모로 공격을 받을 때, 단순히 수동적인 설계에만 의존하지 않으며 능동적인 반응도 취한다. 사회적 차원에서는, 합동 군사 행동을 포함하여, 개별적이거나 연합한 익숙한 방어체계가 존재한다. 세포 차원에서는 단백질 및 다른 생화학적 생명체의 작용 분자가 손상되었을 때, 원판 기록인 DNA를 참조해서 대체될 수 있으며, DNA 자체가 손상되었을 때에도 대개 오류 없이 복구될 수 있다.

이것은 단일 가닥 절단(SSB)의 경우에 상대적으로 간단하다, 왜냐하면 DNA의 훌륭한 이중 나선 구조는 다른 가닥이 붙어 있고 오류 없는 수정이 가능하다는 것을 의미하기 때문이다. 두 가닥이 모두 절단된 이중 가닥 절단 DSB의 경우에도 복구가 가능하며 최근 연구는 이 작업이 어떻게 수행되는지 보여주고 있다. DSB 수리 과정에서 DNA에 유입될 수 있는 대부분의 오류는 세포 주기에서 복제되는 것을 막기 때문에 돌연변이가 유전되지 않는다. 게다가 손상된 DNA를 가진 세포는 선택적으로 스스로 사망할 수 있으며 이 과정을 '세포 자살(Apoptosis)'이라고 한다. 손상을 제거하기 위한 최선의 방법으로 복구와 교체 사이의 선택은 사용 가능한 자원을 어떻게 효과적으로 이용하는가에 따라서 결정된다. 그럼에도 불구하고, 만약 돌연변이가 성공적으로 복제된다면 면역 체계는 정상이 아닌 세포를 계속해서 살핀다. 이는 이식 수술의 중요한 문제로 이질 세포는 면역체계가 억제되지 않는 한 쉽게 거부될 수 있다.

생물학적 보호가 실패할 때 발생하는 현상

보호계통에는 두 가지의 실패 방식이 존재한다.

첫째로, 활동적인 세포가 부족해서 나타나는 장기들의 단기적 기능 저하이다; 전형적으로, 손상된 세포를 복구하거나 세포를 복제해서 새로운 세포를 생산하는 세포 주기를 모두 유지하기에 충분한 자원이 없을 경우 발생한다.

광범위하게 퍼진 세포사는 세포 주기가 빠른 시스템, 특히 중추

신경계와 내장에 영향을 끼친다. 이 상태는 급성 방사선 증후군(ARS)으로, 몇 주 안에 치명적인 영향을 끼칠 수 있다. 하지만, 세포 주기가 재설정된다면 이는 복구될 수 있다.

두번째는 손상세포의 회복 오류로 인한 장기적 실패인데, 이로 인해 유기체 전체 건강을 해로운 통제할 수 없는 세포 증식이 발생할 수 있다. 면역체계에 의해 억제되지 않은 이러한 세포의 성장이 바로 우리가 알고 있는 암이다. 이것은 치료하지 않으면 유기체의 다른 곳으로 전이되어 성장하고 영양분을 가로채서 결국 유기체를 죽음에 이르게 할 수 있다.

방사선에 의해 유발된 암은 다른 산화제에 의해 유발된 암과 일반적으로 구별할 수 없다. 이러한 산화제는 근육활동과 신경계의 소통, 사고 과정 등에 에너지를 공급하는 미토콘드리아에서 활성산소(ROS)가 누출될 때 방사선이 없어도 자연적으로 발생한다.

우리는 군대에서 비슷한 실패를 상상할 수 있다. 먼저 첫번째 실패 방식은 인력과 자원의 손실로 인한 패배로, 군대는 단결되어 있었지만 패배가 빠르고 결정적인 경우이다. 두번째 실패 방식은 서서히 퍼져나가는 부정부패, 사기 저하, 탈영 또는 반란이다. 이 두 가지 실패 유형은 각각 급성 방사선 증후군(ARS)에 의한 죽음과 암에 의한 죽음으로 비유될 수 있다.

일반적으로 일정 문턱값 이상의 방사선에 노출되면 그 부위가 붉게 변하며 염증을 일으키는데 이런 과다한 세포의 죽음이 며칠 만에 기능을 상실하게 만든다. 방사능의 피해가 더 깊이 침투하긴 하지만, 이는 햇볕에 탄 것과 유사하다.

이러한 초기 반응은 보통 조직 반응이라고 하며, 반면에 피부암과 같이 방사선에 의한 질병은 후기 반응이다.

위 두 가지 반응의 또다른 명칭으로 각각 결정론적 반응과 확률론적 반응아고 하지만, 그 이름 자체가 한가지 이상의 인과관계가 작용하고 있음을 시사한다. 실제 환자 발생 자료는 단지 높은 확률과 낮은 확률로 결과만을 나타낼 뿐이다. 원전 사고에서 7,000 mGy의 누적 흡수량에도 불구하고 한 환자는 ARS로 사망하지 않고 방사선과 직접 관련이 없는 알콜성 간기능 저하로 사망한 사례가 있다. 생물학에서 선량의 영향은 환자에 따라 다양하며 결정론적이라는 꼬리표를 붙이는 것은 부적절하게 보인다.

방사선의 생물학적 안전

프랑스 국립 아카데미 보고서

현재의 방사선 안전 규정은 LNT와 ALARA에 기초하고 있으며, 그 부분적인 이유는 전문가들이 관행적으로 늘 그래왔기 때문이다. 현장 책임자의 대부분이 LNT와 ALARA를 따르는 것도 그것이 단순히 그들의 일이라고 생각하기 때문이다. 규정은 물론 국가마다 다소 다를 수 있다. 그러나 과학적인 데이터가 나타내는 것과 비교하면 국가간 규정 차이는 매우 사소하다. 과학적 데이터에 맞게 규정을 수정하라는 강력한 압력은 전혀 없었다. 왜냐하면 소송과 관련해서 실제적 위험보다는 이 두가지 이론이 안전해 보였기 때문이다. 안전 수준들이 법에 주안점을 두고 정해지는 한, 그 답들은 크게 왜곡될 수 밖에 없다. 직업과 예산 확보를 염두에 둔 사람들 중에서 계획을 뒤집는데 관심을 갖는 사람은 거의 없다. 진실은 기다릴 수 있다. 그것은 분명 다른 사람의 문제일 터이니까.

그러나 자유방임적 무간섭주의에 쉽게 공감하지 못하는 두 그룹의 전문가들이 있다. 환경론자들과 의학자들, 적어도 과학에 익숙한 사람들이 그들이다. 환경론자들은 탄소 에너지를 대체하기 위해 세계적인 규모로 원자력의 사용을 더욱 확장하는 것에 대해 심각한 의문을 갖는다. 그러나 필요한 규모로 풍부한 에너지를 공급하는 일을 감당할 만한 해결책은 달리 없지 않은가.

정치적인 이유로 원자력에 반대했던 몇몇 환경론자들은 원자력의 기술적 이익과 안전장치를 이해했으며 생각을 바꾸었다. 그 과학을 아는 일부 방사선 촬영기사, 종양학자와 방사선 생물학자들은 환자들이 방사선 공포증 때문에 그들에게 이로운 방사선 치료를 거부한다는 사실을 염려하고 있다. 변화를 강력하게 거부하는 국제위원회의 견해는 미국의 우려에 따라 심각하게 영향을 받는다. 아마도 소송 위협이 과학과 환경보다 더 중요하게 작용하는 듯하다. 하지만 프랑스의 주도로, 프랑스 의학 아카데미와 프랑스 과학 아카데미의 공동 보고서가 「선량-효과 관계 및 저선량 전리방사선의 발암 유발 효과에 관한 평가」라는 제목으로 2005년에 출간되었다. 이 보고서는 LNT이론과 여러 차례 모순되었던 생물학적 증거를 기술적으로 검토해 대응 문턱값의 존재를 뒷받침했다. 원자력의 적용에 직접적으로 관련된 결론은 전형적인 건조한 용어로 다음과 같이 표현되었다.

> 방사성 폐기물 또는 오염 위험에 관한 문제에 직면한 의사결정자들은 매우 낮은 선량 및 매우 낮은 선량률로 전달된 선량과 관련된 위험 평가에 사용된 방법론을 재고해야 한다.

불행히도 대중들과 의사결정자들은 이런 보고서들을 읽지 않는다.

임산부와 어린이들의 치료

방사선 안전에 관한 많은 인기있는 기사에는 어린이들의 민감성을 언급한 기사들도 포함된다. 이 기사들은 어린이들이 성인보다 민감하며, 임산부와 태아는 더 민감하다고 가정한다. 이를 뒷받침하는 증거는 거의 없지만 보통 대중적인 토론에서는 이를 명백한 사실로 간주한다. 정말 그럴까?

세부적인 사항을 고려하기 전에, 어린이와 태아는 성인과 다를 것이라 기대하는 이유가 있다. 그들의 세포는 성인처럼 단순히 유지되는 것이 아니라, 성장하고 발전하기 때문에 더 자주 분열된다. 하지만, 면역체계의 보호기능은 나이가 들수록 낮아지므로 암 발생 가능성을 높이는 것은 면역 기능 장애이지 돌연변이의 증가 때문이 아니다.

암의 돌연변이 모형은 다음과 같은 암에서 관찰할 수 있는 3가지 특징을 설명하지 못한다.

- 장기이식환자나, HIV환자처럼 면역체계가 억제될 경우, 암 발생률은 두배 이상 증가한다. 따라서, 돌연변이 모형에 근거한 LDR (저용량 방사선 치료)에서 암이 소폭 증가할 것이라는 예측은 신뢰성을 거의 갖지 못한다.
- 사람들이 규칙적으로 힘차게 운동을 할 때-심지어 5분간의 격렬한 운동도 DNA손상을 일으킬 수 있다- 그들의 암 발병률은 많은 종류의 암에 있어서 상당히 낮아진다.
- 모든 사람들은 잠재적으로 암을 유발하는 돌연변이를 몸에 지니고 있지만, 평생 동안 암을 진단받는 사람은 절반을 넘지 않는다.

새로운 연구는 낮은 수준의 방사선에 의해 변화된 세포를 면역체계가 어떻게 통제하는지 보여준다.

모든 암의 1% 미만이 0-14세의 어린 아이들에게서 발견된다. 대부분 암은 주로 노인들의 질병이지 젊은이들의 질병이 아니다. 이런 점들은 특정 사례들에서 검토되었다. 예를 들면, 대규모 인구에 기초한 주의 깊은 연구에서는, 원자력발전소 근처에 거주하는 어린이들 중 방사선이 야기한 백혈병환자 초과 사례에 대한 어떠한 증거도 없음을 확인했다. 어떤 경우에도, 가능한 선량들의 크기는 자연 방사선의 크기보다 훨씬 작았다.

최근 방사선이 쥐의 임신과 초기 발육에 미치는 영향을 시험하기 위해 고안된 실험의 결과가 발간되었다. 쥐들을 짝짓기 2주 전, 두 그룹으로 나누었다.

태어난 후 20주 동안 진행된 실험 내내, 쥐들에게 리터당 20,000Bq의 세슘-137이 함유된 물과 자연수가 공급됐다. 이 물의 방사능은 2013년 4월 이후 일본에서 시행된 인간 소비 규제 한도의 2,000배에 달한다. 만약 인간이 이 물을 1리터씩 매일 마셨다면, 2.9MBq의 꾸준한 전신방사능에 노출되는 것과 같다. 결과적으로, 생쥐 실험에서는 임신, 혈구 수치 및 골수 기능을 나타내는 기타 표지에서 두 집단 사이의 의미있는 차이를 관찰할 수 없었다. 실험에 도입된 생쥐의 수는 분명하지 않다; 그리고 이 수준의 만성 세슘 선량이 태아나 어린이, 또는 성인에 영향을 미치는 문턱값을 초과한다는 것을 시사하지 않는다.

어린이 갑상선암은 특별한 경우인데, 그 이유는 후쿠시마는 아니지만 체르노빌처럼 식량공급이 부족했던 경우, 체내에 들어온 요오드는 방사성인지에 아닌지에 상관없이 갑상선에 집중되기 때문이다. 방사성 요오드의 수명이 짧다는 것은 방사선량이 급성이고, 작은 부피에 국한됨을 의미한다. 이는 생물학적 보호 시스템이 가장 쉽게 과부하되는 조건이다. 인체에서 널리 퍼지고 수명이 긴 세슘, 스트론튬 또는 기타 환경적으로 중요한 동위원소에서는 이런 현상이 일어나지 않는다.

규제가 어린이와 임산부를 성인과 다른 범주로 취급해야 하는지는 그들이 방사선에 의해 다르게 영향을 받는지와는 별개의 문제이다. 과연 성인과 동일한 기준에 따라 방사선 촬영과 치료를 허용해야 할까? 부모들이나 남편들이 그들의 치료를 허락할 때 주의를 기울이거나 특별히 돌봐야 한다는 것은 규제상 중요한 문제가 아니다. 안전 규제가 무어라고 하든 자연스러운 애정과 유대감에서 가족들은 언제라도 그렇게 한다. 방사능에 대한 민감도가 일반적으로 증가한다는 과학적, 의학적인 증거가 실제로 없음에도 불구하고, 어린이와 임산부에 대해 가족의 차원에서뿐만 아니라, 법적 차원에서도 특별한 주의를 기울여야 할 것인지는 과학적 시각으로만 판단하기 어려운 문제다.

햇빛과 자외선에 대해 교육하듯이 가족들에게 교육하고 충고를 주기 보다는, 두 가지 차원에 상반된 법적 기준으로 주의를 기울이는 것은 현명하지 못하다. 임산부와 아이를 성인과 다르게 취급하는 방사선 피폭 규제는 비논리적인 것으로 보인다. 하지만, 불행하게도 그 누구도 공적인 장소에서 이 말을 할 준비가 되어 있는 것 같지 않다. 방사능 공포증의 결과로 또 하나의 부작위 태만죄가 발생하는 것이다. 이는 감정의 표출이 자유로워야 할 개인이나 가족의 보살핌과 객관적 증거를 기반으로 해야 하는 사회적 또는 법률적 책임을 혼동하는 경우에 해당된다.

사회적 및 심리적 건강

방사선 사고의 생리적 효과가 크게 과장되었다면, 사회적, 정신적으로 건강하다고 말할 수 없다. 일어난 사고에 대해 무지하다는 것은 특히 많은 사람들이 같은 상황에 처했다면, 공황으로 변할 수도 있는 개인적인 고통을 야기한다. 만약 아무도 무슨 일이 일어나고 있는지 설명할 준비가 되어 있지 않다면, 옳고 그름을 떠나 일부 개인이나 당국을 비난함으로써 상호 지지의 감정에 휩쓸리게 된다. 이것은 우리가 무언가를 하고 있다는 안도감을 주는 완화 메커니즘이며 만약 이것이 없다면, 고통은 다양한 종류의 정신적 또는 사회적 질병을 초래할 수 있다.

노약자와 말수가 적은 사람들은 다른 사람들에게 그들의 감정을 표현하는데 가장 어려움을 겪기 때문에 최악의 영향을 받을 수 있다. 사회적, 정신적 스트레스는 다양한 방식으로 표현될 수 있고 확실한 양적 추정치를 찾기 쉽지 않지만 사회복지사들은 그들이 마주하는 증상을 대체로 의심하지 않는다. 체르노빌에서, 스트레스의 결과는 알코올 중독, 가족 해체 그리고 절망이었다.

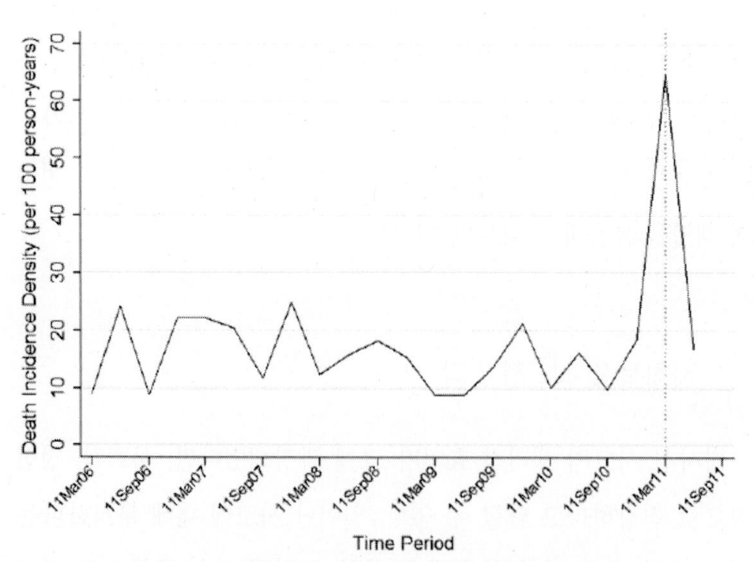

〈그림 7-1〉 일본에서 대피한 노인 요양시설의 거주자 사망률을 보여주는 데이터

후쿠시마에서는 노인들의 경우 조기사망, 어린이들의 경우 야뇨증, 그리고 책임이 있다고 생각되는 권력층의 사람들에 대한 마녀사냥이 있었다. 위에서 언급했듯이, 이는 스트레스 완화 메커니즘으로 작용했지만, 집단적으로 형성되고, 미디어의 부추김을 받아 추악한 시위와 단체적인 압력 행사로까지 커졌다. 이들은 그들이 받아들이기 원치 않는 사실에 기초한 설명으로는 쉽게 진정되지 않는다. 요양시설에 거주하는 노인들은 특히 취약한 집단이며, 후쿠시마에서 긴급히 대피한 사람들은, 공포감에 시달렸고 정상적 돌봄 서비스를 받지 못했다. 이 두 가지 때문에 사고 당시 거주자들의 사망률이 높아졌다. 2011년 3월 평균 사망률이 10~20%에서 65%로 증가했다는 것이, 〈그림 7-1〉에서 명확하게 나타나 있다.

제8장

사회 - 신뢰와 안전

아, 이런 식으로 '안전'이란 단어를 사용하는 것은 분명히 내가 예전에 알지 못했던 좀 이상한 용법입니다.

[더글라스 애덤스, 「은하수에 편승해 가는 법」 중의 아서 덴트 편에서]

방사선 사고가 건강에 미치는 심각한 영향

히로시마와 나가사키에서 발생한 암

1945년 8월, 히로시마와 나가사키에 두 개의 핵 폭탄이 투하되지 않고 제2차 세계대전이 종전되었다면 방사능을 두려워할 이유는 없었을 것이다. 핵무기는 폭발, 불덩이, 그리고 즉각적인 방사선 파동을 발생시킨다. 원자폭탄 때문에 히로시마와 나가사키에 살던 42만 9천 여 명 인구의 적어도 4분의 1에 해당하는 사람들이 사망했다. 1950년에 28만 3천 여 명의 생존자를 관찰한 믿을 만한 기록이 수집되었고 이후 이들의 건강상태는 계속 관찰되고 있다. 폭탄이 어디에서 터졌는지, 그때 그들의 위치, 그리고 방사능으로부터 그들을 보호한 물질은 어떤 것인가를 파악함으로써 생존자 중 86,955명에 대한 개별 방사선량을 계산할 수 있었다. 이 방사선량은 염색체의 변화와 치아 내 전자 밀도[1](ESR - 전자 스핀 공명을 이용)가 기록된 생존자의 개인 방사선 이력과 대조되었다. 급성 X선과 중성자 유출로 인한 평균 전신 선량은 약 160 mGy였다. 대부분의 사람들은 폭발과 화재로 며칠 만에 사망했고, 일부는 급성 방사선 증후군으로 몇 주 만에 사망하였다. 비록 1950년 이전에 몇몇 사람은 암으로 사망했지만, 대부분의 사례는 나중에 - 데이터가 활용 가능한 1950-2000년의 기간 내에 - 밝혀질 것으로 예상되었다. 비교를 위해 방사선의 영향을 받지 않았던 주민 집단에 대한 유사한 데이터도 분석되었다. 인공 방사선의 영향 없이도 전형적인 암에 걸려 사망하는 비율도 적지 않기 때문에 이를 분석하는 것은 중요하다. 만약 인공 방사능에 노출 된 적이 없었다면 인공 방사능에 피폭됐던 주민 집단과의 비교가 이루어져야 한다.

1950년과 2000년 사이에 피폭 선량이 확인된 사람들 가운데 10,127명이 고형 암으로 사망한 것으로 나타났다. 방사능에 노출되지 않은 사람들이 데이터 분석상 암으로 사망할 것으로 예상

---

1) 전자밀도(ESR : Electron Spin Resonance) : 방사선 조사에 의해 생성된 자유 radical(유리기, 遊離基)의 짝 없는 전자는 자기장 하에서 자기 모멘트에 따라 서로 다른 에너지 상태로 존재하므로 단파장 에너지를 흡수하여 낮은 상태에서 높은 상태의 에너지로 여기(勵起)되는 스펙트럼으로 확인하는 방법

된 숫자는 9,647명이었다. 백혈병의 발병은 방사능에 피폭된 사람이 296명 그렇지 않은 사람은 203명으로 나타났다. 이 숫자들을 보면 방사능에 노출된 적이 없었다고 해도 암으로 사망한 사람의 93%는 어차피 암으로 사망할 것임을 의미한다. 여기서 남은 7% 정도가 방사능의 영향이라고 할 수 있다. 피폭 방사선량이 100mGy 미만인 67,794명의 생존자 중 암으로 사망한 사람과 그렇지 않은 그룹에선 7657명 대, 7595명, 백혈병은 161명 대 157명으로 나타난다. 이 생존자의 그룹의 경우 추가적으로 사망한 수(고형암 62명, 백혈병 4명)는 쁘와송 확률론[2]에 의해 계산된 (고형암 90명 대비 백혈병 13명) 무작위 오차보다 작기 때문에 의미있는 수치는 아니다. 어쨌든, 67,794명의 그룹에서 암의 위험은 1000명 중 1명 정도에 불과하다. 교통사고와 비교한다면, 평생 교통사고로 인해 사망할 가능성은 1000명중에 3명에서 6명 사이이다. 그래서 100 mGy의 급성 방사선으로 인한 실제적인 위험은 한계가 있다. 두 도시에 벌어진 폭발에서 50년동안 추적된 생존자들 사이에서조차 낮은 선량에서 사망한 사람들의 수는 측정할 수 없을 만큼 작았다. 아마도 다음과 같이 요약하는 것이 가장 좋을 듯하다.

> 정말로 운이 나빠서 폭탄이 떨어졌을 때 히로시마나 나가사키에 있었고, 1950년까지 살아남았다고 가정해보자. 만약 당신이 100mGy 미만의 (다른 생존자의 78%에 해당되는) 방

2) Poisson distribution은 확률론에서 단위 시간 안에 어떤 사건이 몇 번 발생할 것인지를 표현하는 이산 확률 분포이다.

사선을 받았다면, 방사선으로 인해 1950년에서 2000년 사이에 암으로 사망했을 확률은 같은 기간 동안 교통사고로 인해 사망할 확률보다 20% 낮았을 것이다.

히로시마나 나가사키에서 발생한 방사선은 잔류 방사능에 의한 장기적 혹은 만성적인 영향이 거의 없는 **급성 방사선 파동**이었다. 이것은 피폭자에겐 최악의 상황이다 - 며칠 몇 달 몇 년 동안 나누어진 **방사선의 만성적 선량**은 생물학적인 회복, 교체, 적응 덕분에 실질적으로 훨씬 덜 위험하기 때문이다.

방사선이 일으킨 유전적 기형

그러나 1945년 이후 사람들이 방사능에 대한 걱정은 암 뿐만이 아니다. 방사선이 DNA를 변형시킬 수 있다는 것을 알게 된 후, 방사선의 영향이 다음 세대로 전달되어 후대에 유전된다는 우려, 즉 인간의 생명 그 자체의 디자인을 변형시킬 수도 있다는 우려가 생겨났다. 이는 분명히 가능하다. 하지만 실제로 그런 일이 일어날까? 냉전 당시, 이런 가능성을 암시하는 영상이 핵 위협에 대한 공포를 증가시켰다 - 따라서 핵무기는 효과적인 정치적인 무기가 되었다. 이 상상은 수 십 년간 공포 소설의 재료가 되었다. −두 개의 머리를 가진 괴물과 많은 다리를 가진 애완동물들의 이야기가 흥미진진한 즐거움을 만들었고 상상력을 자극했다. 하지만 안타깝게도 히로시마와 나가사키의 생존자에 근거한 자료와, 체르노빌과 그 밖의 다른 출처의 자료가 정리된 최근에 들어서 이런 일이 일어난다는 과학적인 증거가 없다는 데에 의견이 일치되었다. 이 책에서 말하고 있는 것처럼, 이제는 이런 일들이 인간에게는 일어나지 않는다는 것을 알지만, 이런 결론이 내려지기 전인 1950년대와 1960년대에는 상황이 매우 달랐다. 2007년 ICRP는 조심스럽게 유전에 대한 위험계수를 암에 대한 위험계수보다 약 20에서 40분의 1 정도로 낮추었다. 면역체계 덕분에 유전적 기형이 고등 생명체에서 발견된 적은 한 번도 없지만 그렇다고 해서 절대 일어날 수 없다는 것을 의미하진 않는다. 이론적으로는 우리 중 누구라도 내일 머리에 운석을 맞을 수도 있다. 그러나 그런 일 또한 일어나지 않는다.

민간의 핵 안전과 방사선 방호

원자력 발전소와 핵무기의 폭발로부터 멀리 떨어진 곳이라는 상황에서 안전이라는 개념은 서로 다른 두 가지, 원자로의 제어와 인명 보호 문제를 다루고 있다; 이 중 후자는 보통 방사선 방호라고 부른다.

원자로의 경우, 모든 자유 중성자를 흡수하고 원자로를 정지하면 핵분열은 멈춘다. 하지만 방사성 붕괴로 인해 이전 출력의 7%에 해당하는 붕괴열이 나오게 된다. 후쿠시마에서는 이 붕괴열을 제거할 수 없었기 때문에 여러 개의 원자로가 파괴되었다. 원자로의 작동을 안정시키고 붕괴열을 제거하기 위해 냉각수를 제공하는 것은 매우 중요하고 비용이 많이 들어가는 공학적 작업이다. 후쿠시마 제1원전에서 원자력 발전소는 원자로 설계 기준을 뛰어넘는 예외적인 조건에 압도당했다. 결과적으로 이러한 사고는 사고보험에서 보통 불가항력조항이라고 분류된다. 다르게 말하면, 자연에 압도되지 않는 인간의 디자인은 결코 없다. 이 사고로 아무도 비난받아서는 안 된다. 게다가 원자로의 과도한 압력을 방출하는 것처럼 발전소에서 중요한 결정을 하는 사람들, 극한의 상황에서 근무를 하는 사람들은 감사와 칭송을 받을 자격이 있다. 그런데 이들 가운데 다친 사람은 아무도 없다. 우리는 조심스럽게 물어 볼 수 있다,

> 후쿠시마의 근로자 중 방사능으로 인한 사망자가 앞으로 향후 50년 동안 얼마나 될 것인가?

30명의 근로자들은 100~250 mGy의 높은 선량을 받은 것으로 보고되고 있지만, 급성 방사선 증후군 (ARS)으로 사망한 체르노빌의 근로자가 피폭된 선량은 최저 2,000 mGy였으며 3, 4주 이내에 사망했다. 따라서 후쿠시마에서 ARS에 의한 사망은 보고되지 않았고, 앞으로도 ARS로 인한 사망자가 없을 것이란 예측은 놀랍지 않다. 앞으로 몇 년 후에 암은 어떻게 될까? 100-250 mGy의 선량을 받은 히로시마와 나가사키의 생존자 5,949명 중 732명이 고형암 (14명은 백혈병)으로 사망하였는데, 방사선에 노출되지 않은 사람들 중 (그곳에 있었으나 피폭받지 않은 것으로 계산된) 691명이 고형암 (15명은 백혈병)으로 사망했을 것으로 추산된다. 여기서 40명의 차이는 방사선에 의한 암 사망자의 수를 나타

내는 척도로, 이는 150명 중 1명 꼴이다. 후쿠시마 근로자 30명이 100 -250 mGy의 선량에 피폭되었는데, 이를 150대 1의 비율로 계산하면 0.2명이 죽는 것이다. 이는 평균 한 명도 안되는 것으로, 후쿠시마의 근로자가 향후 50년 안에 방사능 피폭에 의한 암이 발생하여 사망할 가능성은 거의 없다는 것이다. 후쿠시마 원전 인근에 거주했던 일반인들은 위의 근로자들보다 훨씬 낮은 선량을 받았기 때문에 방사선 영향에 따른 암이 발생할 가능성은 전무하다.

후쿠시마 사고에서 피난 기준과 공공 피폭 한도는 연간 20 mGy였지만, 연간 1 mGy로 기준치를 낮춰야 한다는 국민적 압력이 컸다. 하지만 그런 제한치는 토양 유형, 고도, 위도에 따라 큰 변화를 보이는 자연 선량의 변화로 해석될 수 있을 정도에 불과하다. 심지어 연간 20 mGy의 만성 선량도 일본 방사선치료 환자의 건강한 장기가 받는 양에 비교하면 보다 10,000분의 1이다. - 일본의 의료 수준은 기대수명에서 확인되듯이, 세계 최고 수준이다. 연간 20mGy는 이 장 후반부에서 제시한 보수적인 안전 기준인 월 100 mGy의 60분의 1이다. 하지만 불행히도 후쿠시마에서 적용된 피난과 정화 체계는 어떤 종류의 이득도 주지 못했고 그 지역 주민들에게 심각한 사회 경제적 손실을 가져왔다. 이는 비극적인 실수였다. 여기에다 이 지역의 원전 가동을 모두 중단함으로써 상당한 경제, 환경적 비용이 추가됐고 화석연료 수입 비용까지 추가되어야 했다.

체르노빌 사고는 25년 이전에 일어났으며 안전 문제에 대한 답을 얻었다. 무슨 일이 일어났었으며, 누가 고통을 받았고, 어떻게 고통을 겪었는지는 세계보건기구(WHO)와 UN, 국제원자력기구(IAEA)의 간행물에 광범위하게 보고되었다. 체르노빌에서 알려진 방사선 피폭으로 인한 인명피해는 ARS로 숨진 소방관 28명과 갑상선암으로 숨진 어린이 15명이다. 위의 간행물에서는 이 사망자를 제외한 개별적으로 확인되거나 통계적으로 나타난 방사선에 의한 사망의 증거가 없다고 결론지었다. 가끔 인용되는 더 높은 숫자는 LNT에 근거한 위험계수 (예: Gy 당 사망 위험 5% 등)를 측정된 집합 선량, 즉 저선량을 다수 사람들이 수 년에 걸쳐 받은 피폭을 모두 합한 선량인 집합 선량과 조합하여 계산한 종이 상의 숫자에 불과하다. 이 계산은 LNT 모델의 단순한 반복을 제외하면 아무런 의미가 없다. 2007년 이후, LNT의 최고 권위자인 ICRP조차 그러한 계산은 피해야 한다고 경고해 오고 있다.

상대적으로 안전한 최대치의 방사선량

급성, 만성, 평생에 걸친 위험의 문턱값

당신이 다리를 짓고 있다고 해보자. 모든 사람들이 다리를 짓는 것은 경제적으로 효율적이며 안전해야 한다고 생각한다. 과연 얼마나 안전해야 할까? 만약 다리를 광고한다고 하자. 다리의 중량 제한치가 낮을수록 안전하다는 주장을 하면서 교량의 중량 제한치가 가장 낮다고 광고할 것인가? 전혀 아니다. 중량 제한을 낮추면 무거운 화물트럭을 긴 우회로로 보내 더 큰 위험을 초래할 수 있다. 따라서 안전 문턱값은 상대적으로 안전한 만큼 높게 As High As Relatively Safe (AHARS)를 적용해야 한다. – 보수적이긴 하지만 발생할 수 있는 상대적인 다른 위험을 염두에 두는 조치이다. 방사선에 대해서도 예외를 만들어서는 안된다 – 우리는 이 세상이 온갖 잠재적인 위험으로 가득차 있음을 알고 있다. 그래서 방사선의 위험과 안전성은 다른 고려 사항과 함께 계산되어야 한다. 원자력은 별난 위험이 아니며 오히려 안전하다.

앞서 8장에서 논의된 것에 이어서, 보수적이고 현대 방사선 생물학에 기초를 둔 합리적인 안전 체제는 안전 문턱값을 다음과 같은 기준 위에 설정할 수 있을 것이다.

1. 최대 단일 급성 선량
2. 월 평균 최대 만성 선량률
3. 만약 있다면, 면역체계의 추적을 탈출한, 손상을 제한하는 최대 평생 축척 선량

이런 상한값은 보수적으로 해석된 과학적 자료를 바탕으로 논의되어야 할 문제임에 틀림없다. 만약 사람들이 자신의 삶이나 가족들의 안녕에 더 엄격한 제한을 두길 원한다면, 하고 싶은 대로 해야 한다. 그들이 해선 안되는 일은 그들 스스로의 불안감이나 그들이 선택한 압력 단체들의 불안감 때문에 다른 사람들의 삶을 통제하는 일이다.

1951년에 선량률 안전 수준은 주당 3 mGy (매월 12 mGy, 연

간 150 mGy)로 설정되었다. 비록 민간 핵 방사선 안전 기록(Civil Nuclear Radiation safety record)은 1951년 이후 이례적일 정도로 양호했지만, 이 안전규제 기준은 뚜렷한 과학적 이유 없이 ALARA에 따라 150분의 1로 축소됐다. 방사선에 대한 불안과 불신의 시대가 시작되기 전인 1934년, ICRP가 설정한 기준값은 연간 700 mGy이었다.

히로시마와 나가사키에 원자폭탄이 투하된지 70년이 지난 지금, 우리는 방사선의 안전성에 대해 뭐라고 말해야 할까? 높은 선량의 방사능이 짧은 시간에 살아있는 조직에 조사된다면 이는 분명히 치명적일 수 있다. 한꺼번에 5,000 mGy의 방사선의 급성 전신 선량은 6주 동안 진행되는 방사선 치료 과정과 비교하면 10배 이상 많은 세포에 치명적인 영향을 미친다.

안전한 것과 그렇지 않은 것 사이에 선을 그으려면, 안전의 메커니즘을 이해해야 한다. 손상의 문턱값을 확인할 수 있는 증거가 있어야 하고, 이것이 어떻게 결정되는지에 대한 국민적 신뢰가 있어야 한다. 가장 간단하게 타당성을 입증할 수 있는 안전 한계는 위해를 일으키지 않는 한 가장 높은 수준이다. 이보다 한계치를 더 높게 잡는 것은 보수적이지도 않고 신뢰할 수도 없다. 만약 규제를 엄격히 시행해서 한계치를 더 낮게 잡으면, 아무런 이득도 없이 추가적인 비용을 발생시킨다.

더 나쁜 것은, 대중들이 규제 수준보다 크지만 유해한 수준 이하의 선량을 받는 경우에 처할 경우 이유 없이 화를 내거나, 배상청구, 심지어 공황 상태까지도 이를 수 있다는 것이다. 안전 제한치를 가능한 한 가장 낮게(ALARA) 설정하여 대중의 공포증을 달래려는 잘못된 시도는 체르노빌과 후쿠시마에서 일어났던 것처럼 대중의 불안, 불신, 불행을 불러일으킬 뿐 아니라 정당화될 수 없는 추가비용과 환경에 악영향을 끼치는 결과를 초래한다.

그림을 이용하여 비교한 방사선량

플로렌스 나이팅게일은 1885년 크림 전쟁 중에 부상자의 운명은 아랑곳없이 신규 병력과 군수품 공급에만 집중하고 있던 정계와 군 관계자들에게 부상자를 간호하는 것이 전쟁 수행에 얼마나 더 효과적일 수 있는지를 보여주고 설득하기 위해 사상자의 사망률 자료를 분석하여 그래프로 만들었다. 그러한 성공적인 설득 사례를 따라 방사선량의 상대적 크기를 모든 사람들이 쉽게 알아볼 수 있도록 도표로 만들었다. 〈그림 8-1〉은 월별 방사선량을 해당 선량에 대한 설명과 함께 원의 면적으로 보여 준다. 가장 큰 부분은 일일 치료에서 2,000 mGy가 조사된 종양 세포에 치명적인 선량을 나타내는 빨간색 원이다; 일일 1,000 mGy의 노란색 원은 다른 암을 유발할 위험이 5%인 주변 선량이다. 이를 보면 100 mGy의 급성 선량이 생명을 위협할 정도로 손상을 입힌다는 증거는 없으며, 방사선 치료의 임상 경험에서 보듯이 한 달에 걸쳐 분산되어 일일 선량으로 나누어지는 선량은 한꺼번에 조사되는 급성 선량보다 현저히 덜 유해하다. 월 100 mGy의 만성 선량은 히로시마와 나가사키의 생존자들에게서 발견된 급성 100 mGy 문턱값

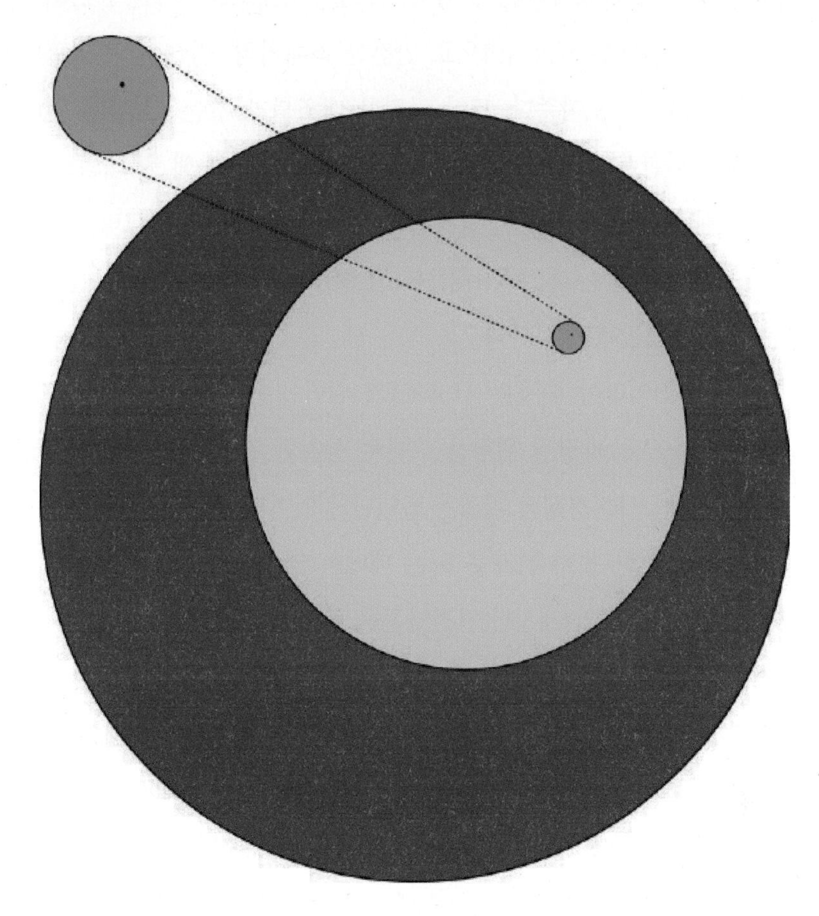

〈그림 8-1〉 원의 면적으로 월간 방사선량율을 나타낸 그림

- 붉은 원, 월 40,000 mGy, 종양을 죽이는 방사선요법 선량보다 적다.
- 노란 원, 월 20,000 mGy, 치료받는 종양 근처의 건강한 조직이 피폭된 후 보통 회복되는 선량율.
- 녹색 원, 월 100 mGy, 양호하며 관례적으로 안전한 선량율, 상대적으로 안전한 만큼 높은 선량, AHARS(As High As Relatively Safe)
- 작은 검은 점, 월 0.08 mGy (년 1 mGy), 부당할 정도로 주의깊은 선량율, 합리적으로 달성할 수 있는 한 낮은 선량율, ALARA(As Low As Reasonably Achievable) - (확대해야 보일 정도다)

보다 훨씬 해롭지 않다는 뜻이다. 〈그림 8-1〉 또는 〈그림 1-2〉의 녹색 원은 AHARS(상대적으로 안전한 최대치의) 만성 선량 안전 문턱값 수준을 보여준다. 또한 극명한 대조를 이루는 ALARA 안전 선량 제한은 ICRP가 권장하는 연간 1 mGy –녹색 원 내의 작은 검은색 점 영역이다. 이 영역은 너무 작아서 확대되어 그려졌다. AHARS 선량률은 ALARA 값보다 1,000배 크지만 1934년 설정된 안전 문턱값과 유사하다.

이 1,000이라는 숫자는 ALARA가 위험을 과장하는 정도를 나타내는 척도다. 과장된 위험을 그대로 방치한 것이 최근 원전사고에서 엄청난 사회경제적 피해가 일어난 원인이다. 후쿠시마의 방사선 피폭에 대한 초기 평가를 하는 데에는 겨우 2주밖에 소요되지 않았다. AHARS가 제시한 안전기준을 토대로 한다면 후쿠시마 지역에서 대피한 모든 주민들은 생산적인 생활을 재개하기 위해 집으로 일찍 돌아왔을 수도 있다. 일본의 발전소는 빠른 시일내에 재가동했을 수도 있고, 그 후 세계의 여러 원전들도 쉽사리 일상에 복귀할 수 있었다. 실제로 2015년 8월 11일 되어서야 다시 일본 원전의 발전기가 가동되었고 그에 따라 원전가동 반대 시위도 뒤따랐다. 당연히 손상된 원자로 3기의 잔해는 제대로 치워야 했다. 하지만 이러한 사례 때문에 사고 발생지를 제외한 다른 지역에서 원전가동을 중단해야 할 이유는 없다.

안전한 생애 최대 방사선량

살아있는 조직이 평생 견딜 수 있는 방사선 총량에는 한계가 있을까? 이 수치가 실제로 필요한지는 알 수 없다고 해도 데이터를 활용해 한계를 둬야 한다. 이 한계는 세월이 흐를수록, 더 많은 데이터와 더 훌륭한 생물학적 이해가 가능해짐에 따라 높아져야 한다. 확실히 염색체의 변이는 축적되지만 결정적인 것은 면역체계의 건강이다. 어쨌든 우리는 사망률 데이터로 위의 질문에 답해야 한다. 현재 이용 가능한 데이터가 제시하는 수치는 무엇인가? 우리는 제6장에서 라듐 눈금판 도장공들 중 암에 대한 생애 선량 문턱값은 10,000 mGy이며, 이 알파 방사선은 베타 또는 감마선보다 Gy당 20배 더 많은 피해를 주는 것으로 간주된다. 따라서 10,000 mGy는 베타 및 감마선에 대한 평생 저항력을 큰 폭으로 과소평가한 것이다.

관련성이 있는 두 가지 다른 추정치가 있다. 〈그림 8-2〉를 보면 평생 동안 전신이 아니라 일부 조직에 6주간 조사된 선량인데 2차 암(암을 치료하기 위해 사용한 항암제나 방사선 등에 의해 새로 발생한 암)의 문턱값은 약 5,000 mGy이다. 이는 일생에 걸쳐서 받은 양으로 간주되는 문턱값 5,000 mGy가 상당히 저평가됐다는 것을 의미한다.

마지막으로 〈그림 8-3〉에는 월 100 mGy의 비율로 평생 만성 선량을 받은 비글의 데이터가 있다. 비글들은 총 6,000~9,000 mGy의 전신 선량을 받기 전까지는 수명이 단축될 기미를 보이지

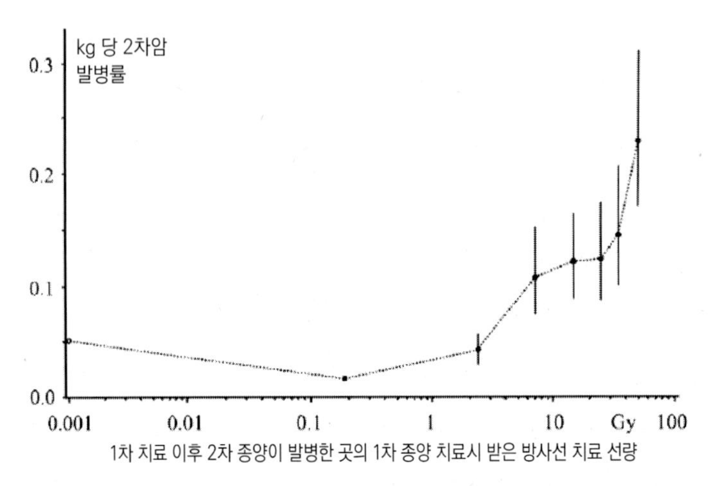

〈그림 8-2〉 초기 암 치료에서 흡수된 총선량과 2차암 발병률의 연관성을 보여주는 데이터

않았다. 이것은 인간이 아닌 개에서 측정된다는 점을 제외하면 우리가 찾고 있는 문턱값이다.

그럼에도 불구하고 이 세 세트의 데이터 사이에는 일관성이 있는데, 5,000 mGy가 평생 선량 한계에 있어서 보수적인 값이 될 것이라는 것이다. – 이는 어느 것 보다 낮은 숫자이다. 이는 월 100 mGy의 AHARS 최대 조사율로 4년 이상 조사된 양과 동일하다.

위와 같은 안전 문턱값은 특별히 주의를 기울여야 한다. 왜냐하면 이것은 암에 대한 저항성을 자극할 수 있는 저선량 방사선의 유익한 적응 효과를 고려하지 않았기 때문이다. 이와 같은 중요한 가능성은 의약품의 관점에서의 문제이지 안전 규제의 문제가 아니다. 그러나 일반적으로 양성 자극이 음성 발암물질의 균형을 맞추는 선량률이 있을 수 있다는 것을 의미한다. 이것을 무독성량[No

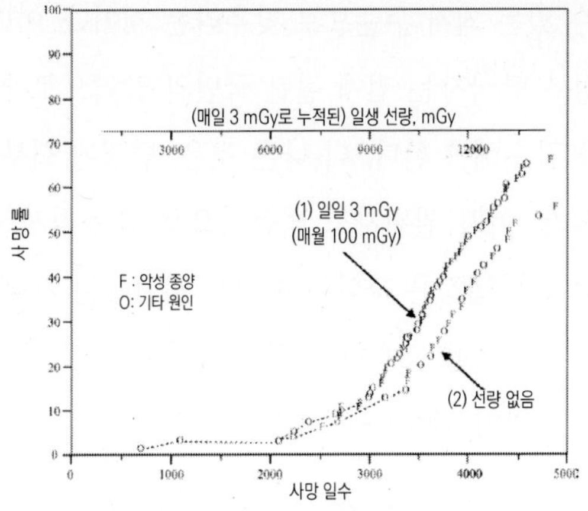

〈그림 8-3〉 개의 사망률과 수명을 보여주는 데이터
(1) 평생에 걸쳐 만성 전신 3 mGy 일일 방사선량 조사(照射)
(2) 방사선을 조사(照射)하지 않은 유사한 개들

Observed Adverse Effects Level (NOAEL)]이라고 부른다. 그러나 이것을 곡선 위의 한 점으로 보는 것은 너무 단순하다. 시간적으로 선량을 전달하는 움직임과 이에 따른 사망률도 중요할 것이다.

현재 권고되고 있는 안전 범위의 기원

현재 극도로 신중한 안전 지침인 ALARA는 어디에서 유래되었는가? 10장에서 보게 되겠지만, 그것은 역사와 정치의 산물이지 과학이나 안전관리의 산물이 아니다. 이런 지침은 UN의 권고안이 권위를 가지고 있기 때문에 각 나라의 지도층은 쉽게 이에 따르게 된다. 웬만큼 강한 용기가 없이는 특정 국가가 IAEA의 지지를 받는 ICRP의 지침을 무시할 수 없다. ICRP의 지침은 모든 방사선량을 달성할 수 있는 최저 수준으로 낮추라는 것이다. 이러한 지침을 무시하는 정부 당국자는 겁에 질린 국민의 압력으로 공직에서 물러날 위험을 감수해야 한다. 더 나쁜 것은, 법정에 회부된 어떤 사건에 직면하면, 어떤 권위자도 법률상으로 조용하게 해결되기를 바란다는 것이다. 법정은 과학에 이의를 제기하는 가장 서투른 토론회장이다. 대중들을 교육하는 것은 앞으로 점점 비용이 절감되는 긍정적인 방법이 되겠지만, 시간이 많이 걸린다는 단점을 가지고 있다.

그러므로 국가 당국의 책임이 없다면, 그러한 권고를 한 것은 ICRP의 잘못임에 틀림이 없다. 음... 하지만 본질적인 잘못은 1950년대부터 1980년대까지 그리고 심지어 오늘날까지도 세상에 최소한의 방사능마저도 말끔히 치워버려야 한다고 소리치고, 시위하고, 행진하고, 투표한 전세계 모든 사람들의 탓으로 돌려야한다. ALARA는 결과물일 뿐이고, 그 당시 자신의 견해를 그런 식으로 강하게 피력한 모든 사람들의 잘못이다. 하지만 이제 사람들은 다시 생각해야 한다 – 그리고 많은 사람들이 그렇게 했다. 정치인과 확고한 견해를 가진 사람들은 시대가 변했다는 것과 방사선 공포증이 애초에 과학에 근거한 것이 아니라는 것을 깨달아야 한다.

이제 어떻게 해야 하는가? 오염된 대기를 포함한 전 세계적인 재난에 굴복하지 않으려면 방사능에 대한 대중의 인식을 뒤집고 가능한 한 빨리 원자력에너지에 관심을 가져야 한다. 이는 방사선에 대한 대중의 신뢰를 얻는 문화를 필요로 한다 단 이 문화는 방사선 과학에 대한 활발하고 호의적인 교육 프로그램에 기초해야 한다. 과연 그게 어려울까? 대중들은 이미 태양으로부터의 방사선에 대해 상당히 균형 잡힌 태도를 가지고 있으며 임상 의학계의 방사선에 대한 신뢰도 있다. 대중의 인식은 많은 사람들이 상상하는 것보다 훨씬 더 빨리 바뀔 수 있다 – 한 예로, 흡연에 대한 태도가 한 나라뿐만 아니라 세계적으로 얼마나 빨리 바뀌었는지 생각해 보라. 또한 단적인 예로는 난민에 대한 인식은 난민들의 곤경에 일치감을 느끼거나 그렇지 않거나 사이를 왔다 갔다 하면서 매달 바뀔 수 있다.

새롭고 현실적인 안전 규제는 모든 원자력 관련 프로그램에 있어서 상당한 비용의 절감을 가져다 줄 것이다. 우선 값싼 전기료는 대중의 판단에 영향을 끼칠 것이다. 그러나 먼저 제공될 필요가 있다. 원자로 안정성 및 열 출력 제어와 관련하여 어떠한 부분도 무시하면 안되지만, 타당한 안전 표준이 생긴다면, 어떤 방식의 미래 원자력 기술이 선택되더라도, 많은 영역에서 원자력비용이 극적으로 감소할 수 있을 것이다. 먼저 원자력발전소 폐기물, 재처리와 해체 문제는 유해 화학 물질 및 생물학적 폐기물의 처리와 같이 책임감 있고 투명한 해결책이 필요한 다른 환경문제와 함께, 우선순위 목록에서 낮은 위치를 차지해야 한다. 우리는 이성적으로 생각하는 능력을 통해 다른 동물들보다 더 성공적으로 지구에서 살아남았다. 지난 60년 동안 우리는 생각을 멈추고 곤경에 대한 해결책을 두려워했다. 우리는 실수를 인정하고 방향을 바꾸어야 한다. 이것은 공공 정보, 학교 프로그램, 새로운 국가 정책, 새로운 작업 관행, 새로운 비용 추정 등을 의미한다. 텔레비전이 있고, 소셜 미디어를 자신의 명분을 위해 이용하는 기술이 있다면, 변화를 만드는 것은 충분히 가능하다. 일부는 이 작업이 불가능하다고 생각할 것이지만, 그들은 최근 학술 e-메일의 하단에서 볼 수 있는 조언에 주의를 기울여야 한다: 할 수 없다고 말하는 사람들은 그것을 하고 있는 사람들을 방해해서는 안된다.

의식 있는 생각과 적응

인생은 때로 보이지 않는 힘에 대항하는 투쟁이며, 격렬한 경쟁에 대항하는 투쟁이다. 사회 속의 개인에게 인생의 성공은 돈으로 표현될 수도 있다. 돈은 교환 수단에 불과하지만, 두려움으로부터의 자유, 음식, 물, 따뜻함, 피난처 같은 진정한 목표에 대한 선택과 접근을 용이하게 한다. 야망이 있는 사람에게 중요한 것은 서열상 높은 지위가 될 수도 있지만, 사회 전체를 놓고 보면, 성공은 평화를 누리는 건강한 인구로 표현될 수 있다. 자연재해, 전염병, 내부와 외부의 분열, 인구과잉의 영향은 사회 전체의 성공을 위태롭게 하는 요인이다. 물론 항상 효과적인 것은 아니지만-세계적인 차원에서의 돈은 인간의 노력이 어떻게 분배되고 동기가 부여되는지를 보여주는 수단이다.

만약 인간이 지구에서 단순한 삶을 살기로 계획했다면, 더 이상 인지적 사고활동을 통해 삶을 적응시킬 필요가 없을 것이다. 그러나 이것은 사실이 아니다. 우리는 더 이상 노화라는 자연적인 질병 때문에 제한을 받는 짧은 수명을 살지 않는다. 그러므로 우리는 생명체에 관한 생물학을 잘 이해하고, 우리가 사용하고 있는 기술이 사회적으로 어떤 의미를 가지고 있는지 또 그것들이 건강과 환경을 어떻게 조화롭게 만드는지에 이해할 필요가 있다. 모든 사람은 삶과 환경을 더욱 전체적인 관점에서 이해할 필요가 있다.

원자력기술에 대한 대중의 태도

특히 우리는 원자력기술, 이것이 건강에 미치는 영향, 그리고 이것이 환경을 위해 무엇을 할 수 있는지에 대해 이해할 필요가 있다. 비록 현재 그것을 이해하는 사람은 많지 않지만 원자력이란 분야가 다른 과학 분야보다 더 불분명하게 보일 이유는 없다. 한 세기 이상, 원자력기술은 암의 치료법으로서 수명을 연장하는 데에 중요한 역할을 담당했다. 하지만 정치와 환경에서 원자력의 역할은 파괴적이고 아무도 관심을 갖지 않는 것처럼 보였다. 과학은 많은 사람들로부터 외면받아 왔고 일반 대중들이 더 많은 것을 알아내도록 격려하지 않았다. 대중들과 관료들의 무지로 인해 핵 문제에 대해 발언하는 국제 위원회의 수와 위상은 끝없이 치솟았다. 관료와 국민 모두의 지식이 풍부해짐에 따라, 당연히 그래야 하는 것이지만, 이들 위원회와 그들의 영향력은 축소되어야 한다.

원자력 기술의 안전에 대해서 현재 일어나고 있는 의견충돌은 주목할 만하다. 왜냐하면 실질적인 위험은 존재하지 않기 때문이다 - 적어도 화재나 도로 교통의 위험에 비할 만큼의 위험은 존재하지 않는다. 후쿠시마에서 원자로는 파괴되었을 수도 있지만 이로 인한 방사능은 건강에 큰 해를 끼치지 않았다. 원자로가 완전히 파괴된 체르노빌에서도 방사능에 의한 사망자는 43명에 불과했다. 원자로 사고에서 방사선에 의한 사망은 종이 위에서 LNT로 계산한 것을 근거로 이론적으로 얼기설기 가공한 결과를 제외하면 한 명도 없거나 혹은 매우 소수이다. 그래서 오래 전에 안전에 대한 염려 때문에 불에 대해 반대하는 것은 확실한 근거가 있었지만 오늘날 저선량 또는 보통 선량의 방사선 때문에 원자력에 반대하는 것은 아무 근거가 없다.

방사성 폐기물과 핵 테러 위협은? 공공의 오해나 공황과는 별개로 이것들은 방사능이 위험한 정도로만 위험할 뿐이다. 방사능 위험이 과대평가되었다면 폐기물이나 핵 테러에 대한 염려를 덜어야 한다. 지금까지 대중은 원자력폐기물과 테러위협을 무한한 공포로 보아왔다. 이것은 과학적으로 입증되지 않은 선입견이다. 대중의 공포와 공황은 전혀 다른 해결책을 필요로 하는, 전혀 다른 문제다.

원자력폐기물은, 비록 까다로운 물질이지만 생물학적 폐기물이 일으키는 질병이나 화재처럼 퍼지거나 전염되지 않는다. 원자력에너지는 매우 집약돼 있기 때문에 연료는 거의 들지 않고 폐기물도 거의 배출하지 않는다. 화석연료와 비교하면 그 부피는 약 100만분의 1에 불과하다.

폐기물은 냉각하고 재처리해야 하며(사용되지 않은 귀중한 연료를 보관하기 위해), 나머지 폐기물은 몇 년 후에 매립해야 한다. 독성이 무한정 배출되는 많은 화학 폐기물 처리 절차에 비교하면 그리 어려운 일이 아니다. 핵 폐기물과 폐로에 대한 노력과 지출은 줄여야 한다; 기득권자들은 이에 대해 반대할 이유가 있겠지만, 상당히 큰 규모로 비용을 절감해야 한다.

만약 우리가 반핵 옹호론자들의 주장을 따른다면, 우리 지구의 미래는 야생동물의 세계와 다를 바 없을 것이다. 생활수준이 낮아지고 엄청난 수의 인구 감소가 있을 것이다. 그래서 우리는 우리의 조상이 불에 대해 그랬던 것처럼 공부하고 그 지식을 적용해야 한다. 우리의 조상들은 아주 어려운 딜레마에 직면했지만, 그들은 의사결정이란 부분에서, 우리가 최근에 했던 것보다 훨씬 더 잘 해냈다. 새로운 번영은 언제나 과학 혁신에 의해 일어나지만 일반적으로 권한을 가진 당국자들은 과학에 대한 이해가 거의 없다.

LNT 모델의 유산을 제쳐두고 합리적인 안전장치로 비용 효율이 높은 원자력기술을 수용한 나라들은 먼저 큰 보상을 받을 것이다. 이 기술은 전력생산뿐만 아니라 담수화로 많은 양의 신선한 물 확보에, 냉동을 하지 않고 방사능 처리를 통한 무해하고 싼 값의 식품 보존에, 의료 문제에 더 많은 이점을 제공할 수 있다. 세계는 사회 경제적 확장을 위해 이런 혁신을 필요로 한다. 그러나 ALARA와 LNT 철학이 그 길을 막고 있다. 18세기 위대한 경제학자인 아담 스미스는 다음과 같이 말했다.

> 과학은 광기와 미신이 끼치는 독에 대한 더할 나위 없는 해독제이다.

그는 광기에서 비롯된 과도한 활동이나 미신에서 비롯된 활동의 금지가 과학에 제대로 뿌리를 두지 않으면 그 효과는 독이 된다는 것을 분명히 알았다. 우리가 보았듯이, 원자력에너지에 대한 두려움은 과학적 근거가 없는 미신이다. 그 미신의 정체는 밝혀져야 하며, 중세 교회식으로 표현하자면 그 두려움을 조장하는 악령을 쫓아내야 한다.

제9장

겁먹은 사람들에 의해 왜곡된 과학

다윈 이후의 진화

더 빨라진 발달과 더 커진 개인적 위협

문명사회가 생산적이고 평화적으로 발전하기 위해선 신뢰와 지식 모두를 필요로 한다. 마리 퀴리는 방사선과 원자력 기술을 의학에 도입할 때, 이 모두를 확보했다. 전리방사선은 순조롭게 대중들에게 수용되기 시작했고 그녀는 제1차 세계대전 동안 부상자들을 위해 X선 사용을 체계화하는데 노력했다. 그러나, 20세기 후반, 방사능과 원자력기술이 핵무기의 형태로 등장하자, 보안이라는 이름으로 지식은 명백하게 억압되었고 대중의 신뢰를 심어줄 마리 퀴리와 같은 인물은 어디에도 없었다. 무엇이 잘못되었을까? 과거로 돌아가 봐야한다.

19세기, 다윈은 생물체 종에 적용되는 변형, 선택, 생존에 대한 그의 혁명적인 생물학적 사상을 소개했다. 이는 분명히 우리 자신의 관점에 혁명적인 영향을 미치는 사상이었음에도 불구하고, 시간이 지남에 따라 차차 대부분의 인간 사회가 이 학설을 이해하고 받아들이게 되었다. 이것은 아마도 진화가 만든 변화가 비교적 느리게 작용하고, 자신과 직계 가족에 대한 개인 인식이 크게 영향을 받지 않는다고 느꼈기 때문일 것이다. 그래서 지식이 조금씩 단편적으로 전파됐음에도 불구하고 신뢰는 크게 훼손되지 않았고, 바람직하든 말든, 집안 조상들의 변이는 선사시대까지. 안전하게 거슬러 올라갈 수 있었다.

인간의 선별번식[1]의 원칙은 옛날부터 행해져 온 동식물의 개량을 자연스럽게 확장한 것이다. 그러나 다윈의 사상과는 별개로 계획된 번식을 통해서 인간의 특성을 조작하는 것은 강한 열정을 불러 일으켰다. 사실 다윈의 친척이었던 프랜시스 갈톤은 다윈이 죽은 이듬해인 1883년 이 연구의 이름을 우생학으로 소개했다.

다윈은 유기체의 개체군-즉 전체 개체군의 진화를 설명하기 위해 그의 아이디어를 발전시켰다. 이후, 같은 아이디어가 바이러스와 박테리아를 포함한 세포의 개체군에 적용됐다. 이 세포의 시간에 따른 시간 변화 속도는 훨씬 빨랐다. 세포는 몇 주간의 주기로 인간의 한 세대에 해당하는 기간 동안 수백 번 변화할 수 있다. 박

---

1) 자연선택(自然選擇, 영어: natural selection)이란 특수한 환경 하에서 생존에 적합한 형질을 지닌 개체군이, 그 환경 하에서 생존에 부적합한 형질을 지닌 개체군에 비해 '생존'과 '번식'에서 이익을 본다는 이론이다. 자연도태(自然淘汰)라고도 한다. 이 이론은 진화 메커니즘의 핵심이다. '자연선택'이라는 용어는 '인공선택'(artificial selection)과 비교를 하려고 했던, 찰스 다윈에 의해 일반화되었으며, 그의 인공선택이라는 용어는 현재는 품종개량(selective breeding)으로 더 흔하게 사용되고 있다.

테리아나 바이러스 같은 미세 생명체의 구성 요소들은 여전히 더 빨리 진화한다. 이러한 속도의 진화라면 세포의 생명이, 단기간에도, 비도덕적이거나 정치적인 목적을 위해 조작되거나 인위적으로 설계될 수 있었다. 이러한 사실로 인해 다윈이 갈라파고스 섬에서 관찰된 핀치새의 특징에 대해 설명할 때 대중은 적지않게 놀랐다. 그러나 다윈의 이론은 유전 기록이 어떻게 체계적으로 바뀔 수 있는지, 즉 유전자에 어떻게 돌연변이를 유도할 수 있는지에 대해 설명하지 않았다. 유전자 조작의 핵심은 이 돌연변이를 제어하는데 달려있겠지만, DNA의 구조가 먼저 발견되어야 했다.

제2차 세계대전 이전 몇 년 동안 X선이 감염을 통제하기 위해 사용되었고 일부 성공했다는 사실은 널리 알려져 있지 않다. 또한, X선의 효용성은 전쟁터에서 항생제로 감염을 치료할 수 있게 되면서 차츰 잊혀져 갔다. 항생제 내성의 증가가 계속된다면, 아마도 X선의 이러한 사용이 다시 고려되어야 하겠지만 – 그러나 그것은 별개의 일이다.

제1차 세계대전 이후, 소련과 나치의 권위주의 정권이 성장하고 군사적 이해관계가 확대되면서 불안감이 커지고 있었다. 나치는 비록 크게 성공하지는 못했지만 그들의 인종적 사상을 추구하기 위해 우생학적 실험을 진행했다. 중요한 발전은 1920년대 허먼 멀러가 처음 시작한 연구를 통해 X선이 초파리에서 무작위 돌연변이를 만들 수 있다는 것을 확인한 때부터 이 시점에서 전리방사선 이야기가 처음 등장했고, 이후 방사선 공포증으로 바뀌었다.

진화가 방사선과 만났을 때: 허먼 멀러

허먼 멀러(1890-1967)는 노골적인 정치적 신념과 우생학에 대해 열정을 가진 미국의 유전학자였다. 그는 심지어 아들의 이름을 유진(Eugene)이라고 지었다. 1926년 그는 X선에 의한 초파리의 유전자변형에 대한 실험결과를 발표하였다. 이후 1946년 그는 이러한 선구적인 업적으로 노벨상을 수상하였다. 중요한 건, 그 당시 강연에서 그는 어떤 방사선 선량도, 제로 선량까지도, 정비례로 유전자 손상을 발생시킨다고 주장한 것이다. 이것이 LNT모델의 탄생이었다. 하지만 그는 이 원칙이 최저 400r 선량 수준에까지 확장된다고 주장하였다. 이는 현재 단위로 환산하면 4000 mGy로 - 정말 매우 높은 선량이며, 체르노빌에서 소방관들을 죽일 만큼의 급성 선량이었다. 그러니까 그가 자연에서 발견되는 저선량 또는 중간 선량에 대한 LNT모델을 수립한 것은 아니었다. 그 이후, 다른 연구는 LNT 모델이 초파리에 대한 저선량 데이터에 적합하지 않다는 것을 보여 주었다. 그럼에도 불구하고, 그는 그러한 선량에 대한 직접적인 반응이 현재 LNT 모델에 금과옥조로 새겨진 것처럼 선량이 영에 이르기까지 선형이라고 주장했다.

마땅히 배척되어야 할 LNT 모델은 여전히 증거 앞에서도 눈을 감아버리는 열광적인 지지자들을 확보하고 있다. LNT에 대한 맹목적인 추종은 심지어 오늘날까지도, 다윈의 이론에 반대하는 신념처럼 - 정치적이고 종교적인 문제로 여겨진다. 어떠한 사람들은 증거 앞에 눈을 감고 그들이 보는 것만이 답이라는 식으로 살아가는 것처럼 보인다. 하지만 이는 위험을 피하는 효과적인 방법이 아니다.

핵무기와 냉전

역사를 만들고 진실을 묻었던 1년

1945년 제2차 세계대전의 종말과 다른 사건들로 핵무기의 탄생에 대해 세계인의 시선과 관심이 집중됐다. 그 해 모든 사람들은 시간이 지나도 쉽게 잊히지 않는 공포와 전쟁의 일상적인 이야기에 흠뻑 젖어있었다. 4월 15일 영국군은 베르겐-벨젠 수용소에 들어섰다. 며칠 후, 사람들은 벌거벗은 사람들의 시체가 산처럼 쌓여있는 사진과 수 만명이 굶주림과 질병으로 사망했다는 증거를 언론을 통해서 보게되었다. 8월, 일본에 투하된 두 개의 핵폭탄에 대한 공식 보고가 도착했을 때, 언론은 4월의 진실로 충격적인 뉴스를 전달한 경험을 이미 가지고 있었다. 핵폭발의 충격파와 열파로 인해 반경 약 1마일 내에 있는 건물은 모조리 파괴되었고 사람들은 소실되었다. 그리고 4.4 평방 마일에 이르는 불의 폭풍이 밀어닥쳤다. 사망자 수는 6개월 전 도쿄에서 일어났던 재래식 소이탄 폭탄 공격 때보다 적은 것으로 알려졌으나, 이 핵폭발의 특징은 X선의 강렬한 섬광에 순식간에 수많은 사람들이 숨졌다는 것이다. 원자폭탄이 500~600미터 높이에서 폭발했기 때문에 주민들은 만성적인 방사선 피폭보다는 직접적이고 급성적인 강렬한 방사선에 피폭되었다.

보통 우리가 읽어왔던 역사적인 서술은 승리자들 편에서 씌여졌지만, 더욱 의미가 있는 것은 핵폭탄으로 무릎을 꿇게 된 패자 관점의 서술에 있다. 그들은 심리적으로 가장 위축된 시점에 있었을 때 핵폭탄 공격을 받았고 그 이후 그들의 뇌리에는 그 때 상황이 떠나지 않았다.

후쿠시마 사고 이후 이에 대한 가장 감정적인 반응이 일본과 독일에서 나온 것은 우연이 아니다. 그러나 세월이 흐른 후 그런 반응은 과학적으로 검증되어야 한다. 미래 세대를 위해 후쿠시마를 설명할 때, 세계는 감성적인 이야기가 아니라 정직하고 과학적인 이야기를 알릴 의무가 있다.

핵무기에 대한 반대의견

제2차 세계대전 이후 승자들 역시 고민에 빠졌다. 과학자는 과학의 신뢰성을 존중해야 함에도 불구하고, 동료들이 그들에게 주어진 힘으로 무엇을 할 수 있는지에 대해 느끼는 두려움은 날이 갈수록 커졌다. 20세기에 나치 독일과 소련에 대한 두려움도 만연했지만, 과학이 어떻게 이용되어야 하는지에 대해 다양한 견해를 가진 정치인, 군 지도자들, 동료 과학자, 외국인들이 미국 국내에서 큰 목소리를 내는 것에 대한 우려도 있었다. 원자력에너지는 그 자체의 힘으로 신뢰, 자신감 및 비밀 유지에 대한 문제를 심화시켰다. 이 때문에 과학자들 사이, 그리고 관련된 다른 집단들 사이에서도 상당한 긴장이 고조되었다. 그리고 평화가 찾아왔을 때에도 이러한 긴장감은 완화되지 않았다. 전쟁 시기 동맹국들, 특히 소련에 대한 걱정이 커졌다.

과학과는 달리 역사는 종종 다른 관점에서 미로 같은 사건들에 대한 몇 가지 일관된 설명을 내놓는다. 따라서 핵 방사선의 역사에 대한 군사적, 정치적 견해는 과학에 근거하지 않는다. 맨하탄 프로젝트의 존재 이유였던 제2차 세계대전의 핵무기 개발에는 과학자가 아닌 사람들이 요직으로 많이 참여했다. 그들과 물리학자 사이에서 지속적으로 커진 오해는 냉전시대까지 이어졌다. 이 두 집단 사이의 자신감과 상호 신뢰의 결여가 전쟁에 패한 사람들의 뿌리 깊은 공포만큼이나 방사선에 대한 공포를 키우는데 중요한 역할을 했다.

맨하탄 프로젝트에 참여한 물리학자 중 상당수는 자신들의 개발품이 가진 엄청난 에너지를 알아차렸을 때 충격에 빠졌고 추축국과의 적대관계 끝에 이 에너지의 영향력을 기꺼이 행사하려는 군을 거의 신임하지 않았다. 그들의 우려는 충분한 근거가 있었는데, 다른 원자력 과학자들은, 두 번 생각할 필요도 없이, 가장 강력한 무기, 특히 수소 폭탄으로 알려진 핵융합 장치를 만들기 위해 열과 성을 다 바쳤기 때문이다. 재래식 핵분열 폭탄은 폭발물의 거대한 초임계 질량을 모을 수 있는 속도에 의해 크기와 힘이 제한된다. 그러나 핵융합 폭탄은 그러한 한계가 없으며, 소련은 히로시마와 나가사키 폭발의 약 2,000배인 50- 58 메가톤급 장치를 시험했다.

미국의 정치적 군사적 우려는 특히 다른 강대국들이 핵무기의 비밀을 얻을지도 모른다는 것에 초점이 맞춰져 있었다. 그 결과 철저한 보안 속에 수소폭탄이 개발되었다. 잠재적으로 소련에 동조하는 자들을 근절하기 위해 예외적인 정밀 조사가 시행되었고, 다른 동맹국들, 심지어 영국과의 정보 공유도 축소되었다. 거의 편집증에 가까운 반 공산주의 통치가 뒤따랐다: 1954년 상원 소위원회 맥카시-육군 청문회는 공산주의 침투 주장에 대한 내용이었다. 또한 하원의 반미국활동위원회의 조사와 공산주의 동조자들에 대한 마녀사냥도 있었다; 오펜하이머의 애국심에 대한 조사[2)]까지 있었다. 맨하탄 프로젝트의 물리학자였던 로버트 오펜하이머 박사는 주로 수소폭탄 개발을 추진한 헝가리 태생의 이론물리학자 에드워드 텔러에 의해 곤욕을 치렀다. 1940년대 후반과 1950년대 초는 미국의 암흑기였다 -우리가 당연하다고 여기는 많은 자유가 억압되었다. 많은 저명한 사람들의 삶이 심각하게 훼손되었고 그들 중 일부는 전설적인 배우 겸 가수인 폴 롭손과 영화감독이자 코미디언인 찰리 채플린처럼 숨거나 해외로 도피했다. 당대의 과학자와 과학적 견해를 판단할 때 격동의 배경을 이해하는 것이 도움이 된다. - 이러한 배경에서 도출된 과학자들의 견해는 60년 넘게 LNT 모델을 확립하고 반대의견을 억압하는 데까지 이어졌다.

과학자들이 자신의 분야를 넘어선 문제에 대해 우려를 표명하는 방식은 다양하지만, 그들의 타고난 절제력은 그들을 신중하게 만든다. - 사실 그들은 과학적인 논쟁에 익숙하지 않은 사람들보

2) 미국의 원자력정책의 중추에 있었던 그의 사회 및 과학자들에 대한 영향력은 매우 컸으므로 미국 정부는 그의 명예를 실추시킬 목적으로 이른바 「오펜하이머 사건」을 때마침 일어난 광신적인 반공사상인 매카시즘 풍조 속에서 유발시켰다.

다 훨씬 더 신중하다. 생물학에 많은 고마움을 느끼는 물리학자와 공학자는 거의 없고, 생물학자는 핵물리학에 대해 거의 알지 못하기 때문에, 그들은 종종 그들의 공통된 학술적 질문들에 다소 지나친 두려움을 느낀다.

원자력방사능과 그 생물학적 영향, 특히 냉전시대에서의 유전학의 문제가 이러한 경우였다. 1950년대, 공식적인 입장이 형성되고 있는 결정적인 시기에 생물학의 목소리는 실종되었다. 주요 당사자들, 군대와 자연 과학자들 사이의 대립에서, 아무도 공식적인 권한을 가지고 생물학에 말을 걸 수 없었다. 맨해튼 프로젝트에 필요한 영향력을 가진 생물학자는 없었고, 생물학의 과학적 사고 방식은 물리학적 사고 방식과는 사뭇 달랐다. 그리고 그 틈을 타서 허먼 멀러가 나타났다. 그는 LNT 모델을 지지하고 방사능에 대한 걱정, 그리고 소련의 이념에 대한 반감을 거침없이 표현한 공을 세웠고 노벨상까지 수상하는 영광을 얻었다.(1946)

군비 확장 경쟁의 광풍

전쟁 후에는 미국이 원자력 관련 군비 확장을 정치적으로 지원했다. 이것은 팍스 아메리카나 (미국이 주도하는 세계 평화)를 통해 세계를 감동시키기 위한 수단으로 여겨졌고, 다른 나라들, 친구와 적들은 이를 충분히 알고 있었다. 능력이 있는 나라들은 스스로 핵무기를 개발하고 배치했다. 동맹국인 영국과 프랑스가 그렇게 했을 때, 이는 정치적으로 바람직하지 않고 안보의 위협으로 여겨졌지만 더 이상의 악화는 없었다. 그러나 소련이 시험 장치를 폭발시켰을 때, 미국은 이를 현실적 위협으로 느꼈다.

지난 수십 년 동안 극소수의 나라만이 핵무기를 방해받지 않고 보유해 왔다. 핵무기는 회의석상에서는 영향력을 행사할 수 있을지 몰라도, 개발비용이 매우 비싼데다가 군사적인 관점에서 보면 현장에서는 무용지물이다. 오하이오 주립 대학의 존 뮬러는 그의 연구에서 왜 국가들이 핵무기를 그렇게 바람직하지 않은 자원 낭비라고 생각하는지를 탐구했다. 그럼에도 불구하고 몇몇 나라는 실제(중국, 인도, 파키스탄)나 이론(이스라엘, 이란, 남아프리카공화국)으로 자신들이 가지고 있는 힘을 자랑하기 위해 핵무기를 개발했다. 북한은 분노 속에서 핵무기를 사용할 가능성이 있는 유일한 국가로 꼽힌다.

핵무기에 대한 미국의 편집증은 동유럽을 점령한 소련의 행동으로 악화되었다. 처칠이 1946년 3월에 기록한 대로 냉전은 그렇게 시작되었다. 미국의 핵무기가 쌓이면서 국가적인 편집증에 낯설지 않은 소련이 위협을 느끼고 핵무기 경쟁에(그림 9-1 참조) 동참한 것도 놀랄 일이 아니었다. 수 년동안 핵탄두를 운반했던 시스템은 24시간 공중을 순찰하며 어떠한 공격에도 대응할 준비가 되어있는 유인폭격기였다. 이후 이 시스템은 초기에는 제한된 사거리의 미사일로 대체되었다. 그러나 1957년 러시아 최초의 인공위성 스푸트니크가 발사되면서 대륙 간 탄도탄이 핵탄두를 지구상 어디라도 운반할 수 있게 됐고 소련이 이 기술에서 우위를 점하게 되었다. 이후 여러 개의 탄두를 장착한 미사일과 한 번에 몇 개월씩 물

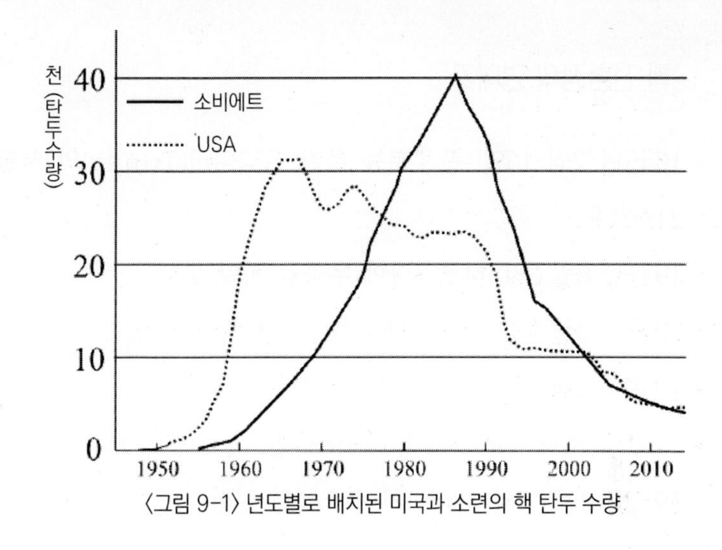

〈그림 9-1〉 년도별로 배치된 미국과 소련의 핵 탄두 수량

속에 숨어 있는 잠수함에서 발사하는 미사일이 개발되었다. 이로써 상대방이 선제 공격을 감행할 때 언제든 보복 공격을 할 준비 태세를 갖추게 되었다. 이 시기에 국제 정치는 미국과 소련 사이의 긴장에 의해 지배되었는데, 핵전쟁의 결과에 대한 상호간의 두려움과 서로의 군사력 균형에 의해 안정을 유지할 수 있었다. 냉전의 종식은 공교롭게도 체르노빌 사고 발생 6개월 후인 1986년 아이슬란드에서 열린 정상회담에서 이루어졌다. 비록 기술적인 문제와는 전혀 상관이 없었지만, 이 시기에 원자력 기술에 대한 소련의 정치적인 자신감은 무너진 것처럼 보였고 소련 제국은 1991년에 붕괴되었다.

핵 전환점의 연대기

- 1945년 7월 16일: 플루토늄 폭탄 트리니티(Trinity)의 시험, 21킬로톤.
- 1945년 8월 6일: 히로시마에 우라늄 폭탄 투하.
- 1945년 8월 9일: 나가사키에 플루토늄 폭탄 투하.
- 1949년 8월 29일: 소련의 1차 핵실험.
- 1952년 10월 3일: 영국의 1차 핵실험.
- 1952년 11월 1일: 미국 1차 수소폭탄 실험.
- 1954년 3월 1일: 후쿠류마루(福龍丸) 호의 항해
- 1955년 7월 9일: 러셀-아인슈타인 선언
- 1956년: 1차 전리방사선의 생물학적 효과 위원회(BEIR1)의 권고사항: 방사선 안전은 더 이상 문턱값에서 평가되지 않고 LNT 모델을 사용하여 평가되어야 한다.
- 1957년 10월 4일: 소련이 세계 최초로 지구 궤도를 도는 인공위성 스푸트니크 발사
- 1958년: 라이너스 폴링 등이 UN에 청원
- 1960년 2월 13일: 프랑스 1차 핵실험.
- 1961년 1월 17일: 아이젠하워 대통령이 고별 연설에서, 대학 내 과학적 학문 연구의 자유로운 활동과 기금배분을 왜곡하고 있는 군산복합체들의 강화된 위력에 대해 경고.
- 1961년 10월 30일: 소련의 사상 최대 규모의 핵무기 실험; 50-58 메가톤.

- 1962년 3월: 라이너스 폴링이 케네디 대통령에게 편지를 보냄.
- 1962년 10월: 쿠바 미사일 위기
- 1963년 8월 5일: 대기권 내의 핵실험을 금지하자는, 부분적 핵실험 금지 조약(소련, 미국, 영국)
- 1986년 10월 11일: 아이슬란드에서 레이건 대통령과 고르바쵸프 대통령의 만남, 냉전의 종말을 알리는 것으로 보임.
- 1988년: BEIR IV 위원회의 보고서는 다음과 같이 주장하며, 증거에 기반을 둔 사고를 받아들이지 않으려고 시도.
- 1996년 9월 10일: 모든 핵폭발을 금지하는 유엔의 포괄적 핵실험 금지 조약 (아직도 미국의 비준을 받지 못하고 있음)
- 2004년: 프랑스 과학 및 의학 아카데미에서 만장일치로 합의된 공동 보고서에서 생물학계는 LNT 모델을 거부함.
- 2007년: ICRP(국제방사선보호위원회) 보고서 103. 아래 발췌문(보고서 36항)은 그들의 비과학적 사고를 나타낸다.

> 위원회는 연간 약 100 mSv 미만의 방사선량에서, 확률론적 효과의 발생 증가는 자연 선량에 대한 방사선량 증가에 비례하지만 그럴 확률은 매우 작다고 가정했다. 위원회는 LNT, 소위 문턱 없는 선형, 모델의 사용은 방사선 피폭에 따른 위험을 관리하기 위한 최적의 실무적 접근 방법이고 '사전예방 원칙'에 부합한다(UNESCO, 2005)고 판단했다. 위원회는 LNT 모델이 낮은 선량률과 낮은 선량률의 방사선 방호에 대한 합리적 기준으로 남아 있다고 생각했다.

이 보고서가 시사하는 바와 같이, LNT 모델은 최고의 실용적인 접근법이기는커녕 원자력 사고에 대한 가장 비인간적인 대응을 정당화하는 데 이용되어 왔다.

무기에서 나온 방사능에 노출된 대중

대기에서 이루어진 핵실험

대기 중 핵무기 실험에서 나오는 방사능물질은 폭발에서 나오는 극한 열로 성층권에 도달한 방사성 물질이 지구 전체에 퍼지고 서서히 지표면에 낙진으로 내려앉으며 방사능 피폭을 일으킨다. 영국의 연간 낙진 측정값은 〈그림 9-2〉에 나타나 있다. 1963년 미국, 소련, 영국의 대기 실험이 종료된 이후 측정값이 낮아진 이유는 날씨와 방사성 붕괴에 의해서 대기 내 방사능이 자연적으로 소멸되기 때문이다. 1986년 살짝 값이 올라간 부분은 체르노빌 효과로, 여러 해 동안 지속된 핵무기 실험의 효과보다는 훨씬 작다. 그러나 그 규모가 보여 주듯이 이러한 모든 피폭은 미미하다. 최고조에 달했을 때 낙진 피폭은 연간 0.14 mGy로 이는 2 mGy 미만인 연간 평균 자연방사선량과, 연간 10 mGy인 의료 진단 스캔의 방사선량과 비교하면 훨씬 작은 값임을 알 수 있다.

여러 해 동안 세계 인류에게 훨씬 더 걱정스러웠던 것은 소련과 미국이 비축한 수천 개의 핵탄두였다.(그림 9-1 참조) 이는 실수로 몇 명의 사람들이 반자동적으로 반응하면서, 혹은 국제적인 사건을 잘못 판단해서 발사될 수 있었다. 그 결과, 실험할 때보다 수천

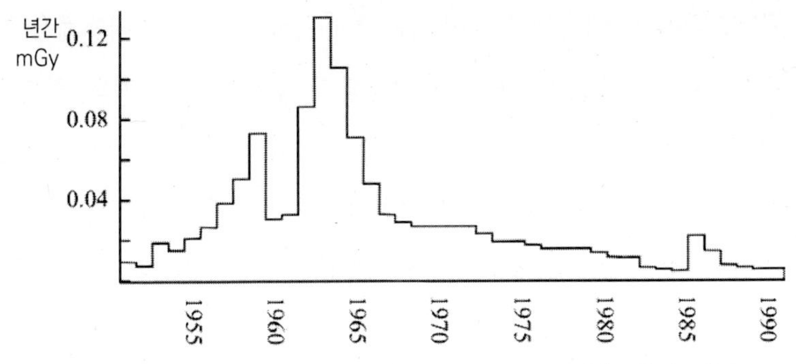

〈그림 9-2〉 핵무기 시험에서 나온 낙진 (1986년 체르노빌 포함) - 측정 : 영국

배 큰 규모의 낙진이 전 세계적으로 퍼지게 되고 그 피폭량은 연간 수백 mGy에 달했을 것이다. 미사일 확충과 핵실험을 중단하고, 비축한 핵탄두를 없애야 할 필요성은 분명했다; 많은 과학자들이 참여한 가운데 전세계적으로 거의 반 영구적인 대중 시위가 일어났다. 그럼에도 불구하고, 그 숫자들을 이해하는 사람은 거의 없었고, 실험에서 나오는 선량 정도는 무해하다는 것을 알게 되었을 뿐이었다. LNT의 아무리 작더라도 모든 방사선 선량이 해롭다는 주장은 신빙성 있는 증거에 의해 입증되지 않았음에도 불구하고, 모든 선량이 위험할 것이라는 믿음은 군비 경쟁 중단을 정치적으로 결정하는데 중요한 역할을 했다.

자유세계의 반핵 시위

냉전 당시 살았던 모든 사람들은 그것이 어땠었는지 잊어버리길 원할 수도 있다. 따라서 신문을 읽거나 라디오를 들을 수 있는 지구상의 모든 남자, 여자, 어린이들에게 공포의 장막이 어떻게 드리워져 있었는지는 후대에 거의 설명되지 않았다. 핵 공격의 영향으로 황폐화된 지역은 폭발과 화재로 황폐화된 지역 이상으로 여겨졌다 –그 당시 모든 사람들은 여전히 2차 세계대전 이후 황폐화된 베를린, 함부르크, 도쿄의 유적지 사진들과 뉴스를 기억하고 있었다. 양측이 언제라도 수 만개의 핵미사일을 발사할 준비가 되어 있다는 현실을(그림 9-1) 고려해 언론은 양편이 고조되는 보복전으로 수천 개의 도시를 파괴할 수 있다고 보도했다.

그러한 핵무기 공방 후에 나타나는 결과는 지구 전역으로 퍼져 수 세기 동안 지속되는 방사능 낙진의 영향 등 핵전쟁의 모든 복합 효과로 인해 더욱 끔찍할 것으로 여겨졌다.

반핵운동은 국가차원에서 시작되었는데, 처음에는 핵무기 관련 군비축소를 표방했고, 그 후 원자력에 대한 반대까지 이어졌다. 사람들은 대규모 시위, 행진 - 특히 1958년부터 1962년까지 매년 런던에서는 알더매스톤의 핵무기 제조공장까지 52마일 행진을 벌였고 수만 명의 참가자들이 모여들었다. 이 행진은 세계의 주요 반핵 평화운동 단체들 - 핵 군축 운동, 그린피스, 지구의 친구들(Friends of the Earth) 등 - 저명한 지식인, 교회 지도자, 그리고 공적 인사들을 포함한 많은 추종자들을 불러 모았다.

이런 규모의 여론 몰이는 민주주의에 있어서 여러 정당들에 영향을 미치고 그래서 정치인들은 이에 주목하게 되었다. 많은 나라에서 원자력에너지와 핵무기를 모두 불법화했다. 현재 원자력에 원칙적으로 반대하는 국가는 호주, 뉴질랜드, 그리고 많은 EU 국가들이 있다.

현실에서 일어난 낙진 - 후쿠류마루(福龍丸) 호

1954년 3월 1일 태평양의 비키니 섬에서 예고 없이 미국의 수소 폭탄 실험이 행해졌다. 적은 양의 중수소화리튬(LiD)이 고체 연료로 사용되었고, 리튬-6와 중성자의 충돌은 필요한 삼중수소를 공급하는 역할을 하였다. 실험 전에는 알지 못했던 주요 성분인 리튬-7(92.5%) 또한 중성자와 반응해 에너지를 방출하였고 이는 방출하는 에너지를 6메가톤에서 15메가톤으로 늘림으로써 미국이 시행한 핵실험 가운데 가장 큰 위력을 폭발시킨 실험이었다. 이는 히로시마나 나가사키에 낙하된 폭탄의 약 1000배 가까운 크기였다. 그 결과, 광범위한 지역에 많은 양의 낙진이 뿌려졌다. 이 낙진이 유난히 많았던 이유는 핵무기가 지상에서 폭발했기 때문이다.

낙진으로 가장 큰 피해를 받은 집단은 140t급 일본 어선 후쿠류마루(福龍丸) 제5호의 23명 선원이었다. 폭발 당시 선박의 정확한 위치는 알려지지 않았지만 폭심으로부터 약 80마일 떨어진 곳에 있었던 것으로 추정된다. 승무원들은 피부에 심한 베타 화상[3]을 입었고 일본에 도착했을 때 ARS치료를 받았다. 체르노빌 사고와 달리 몇 주 동안 ARS로 인한 사망자는 없었다. 승무원 한 명이

3) β선은 체(體)표면에서 비교적 얕은 부분의 조직 특히 피부에 흡수된다. β선에 의한 피부장해를 말한다. 통상의 [열상(熱傷)화상]과 비슷한 증상이 나타난다. 그러나 열상에 비하면 난치성이 많다.

7개월 간의 간경변 투병 끝에 사망했는데, 방사선이 주된 사인(死因)은 아니었다. 하지만 히로시마와 나가사키의 생존자와 마찬가지로 방사능에 노출된 선원들은 방사능에 전염성이 있거나 유전될 수 있다고 믿는 일본 국민의 공포 때문에 낙인이 찍혔다. 낙진이 떨어진 곳을 시험을 위해 핥았다고 보고했던 승무원은 2013년 79세로 살아 있고 2014년에 또 다른 승무원이 87세의 나이로 생존해 있다고 보고되었다. 많은 세부 사항이 누락되어 있지만, 다른 원자력 사고와 마찬가지로, 그 당시 많은 사람들이 우려했거나 예상했던 사망은 현실적으로 일어나지 않았다.

이 사건은 미국에게 외교적 재앙이었고 방사능의 명성과 안전에는 아무런 도움을 주지 못했다. 종종 있는 일이지만 보상금을 지급하려는 시도가 있었고, 이를 통해 소송을 막고 묵비권을 행사하도록 혹은 이야기를 바꾸도록 설득하는 등 과학 기록의 물을 흐리게 만들었다. 그러나 50년이 지난 지금은 우리 인간의 삶에 미치는 영향이 사실 햇볕에 탄 것과 비슷한 몇 가지 강한 베타 화상 사례에 지나지 않았다고 말할 수 있다. 하지만 그 당시에는 아무도 그것을 믿지 않았고, 그 이후 여전히 대중의 인식은 고쳐지지 않았다. 어떠한 오류 정정 부록도 결코 좋은 뉴스거리가 되지는 못했다.

소설 속에서의 낙진 – 『바닷가에서』

70년동안 원자력기술에 대한 두려움 때문에 세계를 사로잡은 무시무시한 오락거리가 난무했다. 1957년에 출간된 유명한 소설

중 하나인 네빌 슈트의 『바닷가에서(On the Beach)』는 호주를 배경으로 하고 있는데, 여기에서. 북반구에서 일어난 전면적인 핵 전쟁으로 발생한 방사능이 점차 남쪽으로 퍼져가면서 모든 생명체를 흔적도 없이 파괴한다. 이 소설은 스릴이 있고 영화로 제작되어 흥행에 성공했으나 과학적인 결함이 있다. 그렇지만 이 허구의 소설과 영화가 많은 사람들을 반핵주의로 만들었다. 특히 헬렌 칼디코트는 12살에 이 책을 읽었을 때, 자신을 몹시 두려워하게 만들었다고 말했다. 그 이후로 그녀는 공포를 조장하고 과학적 근거가 부족하다고 심하게 공격받았던 감정적 반핵 운동을 추구해 왔다.

냉전 시대에 살았던 사람이라면 누구도 미국의 싱어송 라이터이자 풍자 작가, 피아니스트, 수학자였던 톰 레러의 재능을 즐기지 못한 사람은 없을 것이다. 그의 원자력 비방 노래 중 '우리가 갈 때면 모두 함께 갈 거야'라는 노래는 전형적으로 유쾌한 곡조에 완전한 핵 파멸의 가사를 담은 작품이었다. 냉전 시대는 그런 공포의 유머가 유행했다. 핵과 방사능은, 어린 아이로 하여금 두려움을 느껴 도망가고 숨게 하는 놀이가 유행하도록 만들었다.

예술에는 원자력의 암울함과 공포의 표현이 더 많았는데, 우리가 여기서 이것들에 주목해야 하는 이유가 뭘까? 우리가 70년간 이어져 온 원자력 공포증의 유산을 극복하려면 똑같은 재능으로 그들에게 대항할 필요가 있기 때문이다. 그래서 우리는 네빌 슈트의 아들들, 톰 레러의 아들들, 제인 폰다의 딸들, 그리고 반핵 시대에 공연한 모든 예술계 사람들을 찾아야 한다. 부모와 조부모가 그토록 훌륭하게 전했던 메시지를 뒤집기 위해서는 앞으로 수십년 동안 새로운 예술적 재능이 절실히 필요하다.

방사선 방호와 LNT 모델의 사용

미국 국립 과학 아카데미 유전자 패널 보고서

히로시마와 나가사키의 폭격 이후 세계에 대한 물리과학적 관점이 우세해졌다. 수학과 물리의 위력이 입증되었고 어떠한 의심의 여지가 있는 경우 대개 수학과 물리가 그 패권을 인정받았다.

이것은 분명히 생물학과 다른 과학 연구에 야망을 가진 사람들의 판단에 심오한 영향을 끼쳤다. 비록 이해가 느린 사람이라 할지라도, 수학, 물리학으로 훈련되어 그 방법과 아이디어를 생물학에 접목시킬 수 있는 사람들에게는 각광을 받을 기회가 열렸다.

제2차 세계대전 이후 생물학에선 전리방사선이 생명에 미치는 영향을 중요한 문제로 여겼으며, 미국의 과학계는, 영국이 수세기 전에 해양과 지리적 기준을 세우기 위해 했던 것처럼, 자연스럽게 국제 표준을 세우는 데 앞장섰다. 그 결과 ICRP에 대한 권고안은 미국 국립 과학아카데미의 유전자 패널에서 나왔는데, 그것은 사실상, 방사선 생물학적 영향 위원회(후에 전리방사선 생물학적 영향 위원회로 바뀐다) 보고서(BEAR 1)에서 나온 것이며, 그리고 의미심장하게도, 허먼 멀러는 그 위원회의 위원이었다.

역사를 연구했던 에드워드 캘러브레스는 일어난 일의 내력을 연구하던 중 원본 통신문의 몇 가지 사본들을 발견했다. 이 사본에는

BEAR[4]/BEIR[5] 위원회가 방사선생물학을 기금 모금의 적절한 수단으로 보아 그들의 유전학 연구에 이용하려고 한 정황이 담겨있었다. 게다가, 아마도 더 이타적인 내용은 군비경쟁이었다. 방사능의 부정적인 영향에 대한 최악의 결론을 보고함으로써, 그들은, 군비 축소와 LNT 모델의 국제적 위상 확립, 두 가지 목표를 달성하려 했었을 것이다. 그렇게 1956년 패널(미국 국립 과학아카데미의 유전자 패널을 의미함)은 방사선 방호에서 문턱값의 사용을 중단하고 대신 LNT 모델을 사용하라고 권고했다. ICRP는 이 결과들을 국제적 표준으로 채택하였다.

목적에 맞지 않는 안전

특히 LNT 모델은 위험관리를 쉽게 할 수 있기 때문에, 다른 영역에서의 안전 규제는, LNT 모델이 적절하다는 과학적 근거 없이, 이것을 그대로 베꼈다. 예를 들어, 독성 화학 물질은, 양의 다소에 관계없이, 또 농축과 희석에 관계없이 질량에 비례한 위험을 내포하고 있다고 가정한다. 그러나 실제로 독은 그렇게 작용하지 않는다 – 물론 과도한 양은 생명을 위협할 수 있지만 적은 양은 건강에 좋을 수도 있고, 심지어 필수적일 수도 있다. 이것은 이미 16세기

---

4) Biological Effects of Atomic Radiation Committee, 방사선 생물학적 영향 위원회

5) Committee on the Biological Effects of Ionizing Radiation, 전리방사선 생물학적 영향 위원회

에 의사였던 파라켈수스에 의해 잘 설명되었다.

1956년 BEAR 1 이후 방사선생물학적영향위원회/전리방사선생물학적영향위원회 BEAR/BEIR 보고서가 더 많이 발표되었다. 그러나 LNT 모델에 반하는 증거가 압도적으로 많았고 LNT 모델이 인류복지, 재정적 측면에서 전 세계적으로 심각한 손실을 초래했음에도 불구하고, 어떤 보고서도 LNT 모델과 ALARA의 집착을 뒤집은 일이 없었다. 실제로 1988년 BEIR 4는 비과학적인 위치로 더 깊이 파고들었다. 가장 최근의 BEIR 보고서에 대한 캘러브레스와 오코너의 2014년 검토는 이런 논의를 새롭게 불러왔다.

다행히도, 많은 저명한 과학자들과 의사들은 이 보고서들에 내재된 막연한 기대에 별 다른 관심을 보이지 않았다. ICRP(1928년)의 창립위원이었고 미국 NCRP의 초대 회장이었던 로리스톤 테일러 (1902-2004)는 1980년대 초, 초청 강연에서 LNT에 대한 우려를 토로했다. ICRP는 2007년 자체 보고서에서 저선량을 받은 많은 사람들에 대한 사망자 수 평가에 집단 선량의 사용을 금지했다. (집단 선량은 모든 개별 선량의 합계이고 단위는 man-Sv이다). ICRP 위원회 자신이 내린 이러한 조치에도 불구하고 ICRP가 LNT 모델에 대한 지지를 철회하지 못한 것은 완전히 모순이었다. 왜냐하면, LNT 모델이 자체적으로 이러한 방식으로 집단 선량을 사용할 충분한 명분을 제공하고 있기 때문이다.

미국 국립 과학원(NAS)과는 별개로, 국제적으로도 신선한 사고방식을 지지하는 기관들이 있었다. 2004년에 프랑스 과학 아카데미 (파리)와 국립 의학 아카데미가 합의한 공동 보고서가 발표되었는데, 이 보고서는 방사선 규제를 완전하게 변화시키기 위해서 생물학적 사례를 이용할 것을 제안했고 LNT 이론을 활용하는 관행을 비판했다.

2014년 방사선 안전규제에 대한 전반적인 개선과 현명한 방사선 의료 활용에 헌신을 목표로 하는 새로운 비공식 국제 전문가 단체인, '정확한 방사선 정보를 위한 과학자들'(SARI)이 발족되었다. 이들은 중요한 기사와 통신문을 발송하였고, 이 단체의 회원들은 유엔 방사선영향과학위원회(UNSCEAR)[6], 국립과학아카데미(NAS), 원자력규제위원회(NRC)[7], 보건물리학회(HPS)를 포함한 전 세계 주요 위원회에게 변화를 촉구하였다. 또한 일본방사선정보학회(SRI)와 협력하여 일본 내에서 긍정적인 과학적 메시지를 전파하는 데에도 적극적이다.

평생 동안 LNT 개념에 대해 연구한 사람들은 자신들의 믿음에 대한 어떤 변화에도 참호에 몸을 숨긴 패거리들처럼 완강하게 저항한다. 그러나 연금술, 프톨레마이오스의 천동설, 점성술 그리고 다른 사이비 과학처럼 LNT 모델은 이를 뒷받침할 증거가 없다. 따라서 다음과 같은 변화가 불가피하다.

- 첫째, 수십억 년 동안, 모든 생명체에 본질적인 특징이었던 방사선에 의한 공격으로부터 생명을 보호하는, 반응하고 적응할 수 있는 세포 메커니즘의 중요한 역할을 인정.

---

6) United Nations Scientific Committee on the Effects of Atomic Radiation
7) Nuclear Regulatory Comission

- 둘째, 암 발생의 주요 원인이 돌연변이 때문이 아니라 면역 기능 상실 때문이라는 사실을 수용.
- 셋째, LNT-기반의 안전규정을 과학적 문턱 선량률 및 선량에 기반을 둔 안전규정으로 대체
- 넷째, 당국이 발행한 권위 주도의 지침이 아닌 이유를 밝히는 교육을 통하여 안전을 향한 대중의 태도에 대한 적절한 변혁을 촉진.

위의 내용들은 단편적이거나, 점진적인 개선의 문제가 아니며 정책은 가능한 한 빨리 완전히 바뀌어야 하고 또 과학에 근거해야 한다.

제10장

두려워할 이유가 없는 원자력 에너지

값싸고 풍부한 원자력에너지는 더 이상 사치품이 아니다.
그것은 결국 인간성을 유지하는데 필수품이 될 것이다.

앨빈 와인버그

증거와 소통

근원을 선택하다

앞선 장에서는 방사선이 건강에 미치는 영향에 대한 의견을 형성하는데 도움을 준 주요 사건들을 대부분 살펴보았다 - 히로시마, 나가사키, 어선 후쿠류마루(福龍丸) 호, 체르노빌, 후쿠시마 그리고 한 세기 동안 생명을 구하기 위해 임상의학에서 사용했던 중간 혹은 높은 방사선량의 사용 경험. 임계증식단계에서의 선량과 평생 선량을 받은 쥐, 개에 대한 연구 결과가 있다. 이 모든 것이 현대 방사선 생물학의 그림을 장식한다. 이 그림 속에서 생명은 수십억 년 동안 특히, 산소와 전리방사선이 야기한 위험에 대처하기 위해서 진화해 왔다.

그러나 방사선량이 더 적거나 사람의 수가 더 적어서 결론이 명확히 나오지 않아 누락된 연구 결과들도 많다. 종종 이런 것들이 출판되고 언론에 보도되면서 여차저차한 요인들이 암의 원인이 될 수 있다거나, 신뢰도 95% 같은 언급으로 설득력 있게 들리도록 한다. 그러나 95% 신뢰도는 평균 20개의 결과 중 1개가 틀린다는 것을 의미하며, 더 나아가, 만약 실험자들이 자신의 결과를 강조하는 몇 가지 데이터 분석 방법을 선택한다면 잘못된 답을 얻게 될 확률이 쉽게 50% 이상으로 높아질 수 있다. 많은 과학계에서 이러한 결과는 심사관에 의해 거부되고 발표되지 않는다. 또한 독자들에게 상세한 통계 논거를 따라 여기에서의 그러한 오류를 폭로하라고 요구하는 것은 무리일 것이다. 하지만 다행히도, 이러한 일은 피할 수 있다; 만일 비슷한 조사가 더 큰 선량을 조사하거나 더 많은 실험 대상으로 수행되었고 방사선 효과가 발견되지 않았다면, 어떤 명백한 효과라도 더 작고 덜 확실한 실험의 효과는 분명한 실수이기 때문이다. 이 점이 우리가 더 크거나 더 많은 양의 실험을 선택하고, 다른 실험들을 무시한 이유이다. 그래서, 예를 들면, 원자력발전소 인접지역에서 소아 백혈병에 대한 논의는 애당초 없는 것이나 마찬가지다. 그러한 영향이 있다고 주장하는 연구는 훨씬 더 작은 선량, 암석과 우주선(Cosmic rays)에서 나오는 자연 선량의 자연적 변화보다도 더 작은 선량에 대한 이야기를 하는 것이다.

개인적인 그리고 전문적인 목소리들

일본에서, 왜 말을 할 자격이 있는 전문가들이 그들의 의견을 소리높여 외치는 것을 꺼려했는지 궁금하다. 제리 커틀러는 다음과 같이 말했다.

> 방사능 생물학에 대한 최고의 연구들이 일본에서 많이 이루어졌지만 이 연구의 본질이 일본의 정치 지도자들에게 전달되지 않았다는 것은 아이러니가 아닐 수 없다.

우리는 단순히 개인이나 정부의 의견을 따랐던 것이 아니다. 이것은 종종 귀에 거슬리고 감정적이었다, 접근할 수 있는 자료를 직접 보는 것이 더 과학적이었다. 그러나 피난민의 개인적인 증언이 일차적인 소식통이었고, 다음과 같은 증언이 사고 발생 2년 후인 2013년 3월 10일에 작성되었다.

> 젊은이들, 아이들이 있는 가정들은 방사능 수치가 세계 기준에 미치지 못할 때까지, 안전하게 생활할 수 있을 때까지, 안정감을 가지고 그 땅의 열매를 먹고 살아갈 수 있을 때까지, 집으로 돌아갈 생각을 하지 않을 것이며, 마을로 돌아갈 생각도 하지 않을 것입니다. -그렇게 될 때까지, 나는 단순히 마을로부터 멀리 떨어져서 머무르는 것이 당연하다고 생각합니다. 이는 우리 아이들과 손주들을 집안에 가두지 않는 방법이고, 이것이 내가 아이들의 부모로써 바랄 수 있는 최고의 방법입니다. 하지만 이를 정부의 관료들과 각료들은 이해하지 못하는 것으로 보입니다.

> 그리고 사실 우리 마을은 고준위 방사지역이었지만, 탈출이 지연된 미나미-소마와 나미에 지역에서 피난 온 사람들을 받아들였고, 각 마을에 20개씩의 구역에서 피난민을 위한 음식을 준비하여 원조(援助) 식품인 줄 알았던 방사능에 오염된 음식을 먹였고, 불가피하게 그들의 피폭량을 늘렸습니다. 이는 내부 방사선 중독 가능성에 상당한 원인이 될 수도 있습니다. 우리는 좋은 뜻으로 그들에게 비상용품을 제공했지만 우리는 우리가 했던 일의 위험성을 몰랐다는 자책감으로 가득 차 있고, 그들의 건강에 해를 끼치지 않기를 진심으로 기도하고 있습니다.

아무도 그들이 느낀 이런 감정과 호소에 대답할 공적인 답변을 내놓지 않았다. 후쿠시마 사고에서 생명을 위태롭게 한 재난은 없었으므로 마땅히 그들에게 안심하라는 내용의 메시지가 전폭적으로 전달되었어야 했다.

그렇다면 누가 이러한 공적인 메시지를 주어야 하는가? 대중에게 안심할 수 있는 근거에 대해 설명하려는 사람은 아무도 없었고 언론은 지배적인 견해를 고수하는 것을 선호했다. 또한 위원회는 그들의 의견을 쉽게 바꾸지 않았다. 오직 개인만이 자신의 의견을 쉽게 바꿀 수 있다. 하지만 최근까지도 이 주제에 대해 글을 쓴 많은 작가들은 증거를 검토하는 대신에 ALARA 방사선 방호 최적화의 이야기를 하는 것을 선호해 왔다. 70년 동안 받아들여진 공포증의 유산은 너무나 높은 장벽이고 원자력에너지는 너무 낯설어서 작가들이 이 탐색형 질문에 대답하는 것을 피한다. 아무도 감히 목을 내밀고 모두가 알아야 할 것을 말하지 않는다. 한스 크리스찬 안데르센[1]에게 고개를 숙여서 인사하라 – '당신의 말이 전적으로 옳았다! 우리 모두는 왕의 신하들에게 무슨 일이 일어났는지 알고 있었지만, 우리에게도 같은 일이 일어난다는 생각은 하지 않았다.'[2]

따라서 X선 스캔을 받는 환자들은 IAEA로부터 다음과 같은 충고를 듣는다.

> 방사선에 의해 발생하는 암의 가능성은 매우 낮지만 추가될 가능성이 있다. 즉 매번 검사를 받을 때마다 환자의 위험이 점점 증가한다. 따라서 진단에 적합한 영상을 얻는 동안 환자 선량을 최소로 유지하는 것이 권장된다. 방사선 때문에 생기는 암의 확률은 1000mSv의 선량마다 5~6%씩 증가한다. 대부분의 검사에서 발생하는 암 위험 가능성의 증가는 14~40%에 이르는 자연 발생 암에 비해 상대적으로 적다.

그러나, 이것은 전 세계의 많은 의료 전문가들이 극심하게 부정하는 기준치이다. 방사능에 의한 위험은 위의 말처럼 누적되지 않

---

1) 덴마크의 동화작가. 《즉흥시인》으로 독일에서 호평을 받아 유럽 전체에 명성을 떨치기 시작하여 아동문학의 최고봉으로 꼽히는 수많은 걸작 동화를 남겼다.

2) 안데르센의 동화 중 '벌거벗은 임금님(The Emperor's New Clothes)'이라는 동화가 있는데 간단한 줄거리는 다음과 같다. 허영심 많고 옷을 좋아하는 임금님이 있었는데 입을 자격이 없고 어리석은 사람에게는 보이지 않는 특별한 소재로 옷을 만든다는 사기꾼들에게 속아, 있지도 않는 옷을 보이는 것처럼 행동하자 주위의 사람들도 남의 눈을 신경 써 마치 그 옷이 보이는 것처럼 행동한다. 그 옷을 입고 마을을 행진하는 임금님을 본 한 아이가 임금님은 벌거숭이라고 진실을 폭로하자. 그제야 모두 속았다는 것을 깨닫게 되는 이야기이다. 이 이야기는 세상에 진실을 이야기하지 않는 사람들을 비판한다. 위의 구절은 이를 통해 이해하면 될 것이다.

는다.

그럼에도 불구하고 사람들은 IAEA의 잘못된 메시지에 대해 공개적으로 부인하기를 꺼린다. 아마도 그 범위가 각 개인의 전문 지식이나 한 위원회의 소관을 넘어서기 때문일 것이다. 2011년 영국 하원 과학기술선택위원회의 요청에 따라 제출된 기사가 게시되었고, 일부 언론에 대한 프레젠테이션도 있었지만 그 메시지는 무시되었다. 그러나 미숙한 대중들과 젊은 세대들은 이 이야기가 전에 들어보지 못한 새로운 이야기여서 이를 듣고 싶어하며, 기꺼이 질문하고 싶어한다.

무슨 일이 일어났는가

교육을 등한시 하면서 대중의 신임을 잃는 일이 벌어졌다.

많은 사람들에게는 그들이 기억할 수 있는 한, 상황이 분명해 보였다- 원자력 에너지는 위험하고, 인기가 없고, 단순히 피할 수 있다는 것이다. – 혹은 탄소 연료의 사용에 대한 의심이 생기기 전까지는 이런 생각을 지속해왔다. 그들은 여전히 대량살상무기(WMD)에 의해 발생하는 치명적인 방사능의 가능성을 염려할 수 있다. 과학적 사실로 받아들여진 그런 견해는, 비양심적인 세계 지도자들이 정치적 결정에 영향을 주기 위해 사용했고 언론들은 덮어놓고 이러한 상황을 추종했다. 아무도 대중에게 과학적인 증거를 설명하지 않았고 결국 대중들은 질문을 중단했다. 수 십년 전,

그들은 핵에너지를 지지하는 목소리에 대한 관심과 신뢰를 잃었다. 그 결과 많은 원자력 기술 투자자들은 최선의 투자 회수는 공장 해체, 폐기물 처리, 토지의 오염 제거에서 계약을 따내는 것이라고 결론을 내렸다. 이러한 경우 그들에게 원자력 산업은 그 자체로서 최악의 적이었다 – 원자력산업계는 비용을 상승시키고 원자력 안전 버블을 부풀린 비과학적 규제로 궁지에 몰릴 때 목소리를 내지 않았다. 안전성이 과학을 기본으로 정립되고 원자력에너지 생산비용이 반으로 줄어들 때 이 버블은 붕괴할 것이다. 정부당국의 적극적인 규제와 제3자의 사리사욕으로 제정된 규제만이 완전하게 안전하고 훨씬 저렴한 무(無)탄소 에너지를 실현하는 데에 방해가 되고 있다.

기후 변화와 환경

현재 전 세계에서 에너지에 대한 욕구가 확대되면서, 여기에 따른 추가적인 탄소배출과 기후 변화에 대한 증거들은 여론을 바꾸고 있다. 만일 원자력 에너지가 유일하게 합리적인 기저부하[3] 무(無)탄소발전 전기 공급원으로 안전하면서도 필요한 것으로 생각된다면, 조만간 여론은 정책의 변화를 요구할 것이다. 국가마다 방사능에 대한 태도가 다르기는 하지만, 정부가 안전문제를 지역적 의사결정의 문제로 다루는 경우에는 특히 젊은 세대들은 환경을

3) 발전할 때 시간적 또는 계절적으로 변동하는 전발전부하중 가장 낮은 경우의 연속적인 수요발전용량을 말한다.

위협하는 문제에 대한 합리적 시각을 가지고 있다. 재생에너지가 제공하는 불완전한 해결책은 원자력에너지 사용의 필요성을 더욱 뚜렷하게 부각시키고 있다. 프랑스와 캐나다의 전력회사는 원자력에너지를 기저부하로 공급하였을 때 탄소가 거의 배출되지 않는다는 사실을 보여주었다. 전기 철도와 도로교통의 성장을 통해, 많은 양의 탄소배출을 감축할 수 있다. 이것은 영구동토층[4]이 녹으면서 발생하는 메탄의 방출이나 기후변화를 멈추지는 못하겠지만, 원자력에너지 사용은 동원 가능한 최고의 완화 솔루션이 될 것이다.

러시아나 중국 같은 국가는 자신의 나라뿐만 아니라 원자력관련 노하우가 적은 모든 나라를 고객으로 생각하며 투자를 계속하고 있다. 민주주의 국가에서는 이러한 발전보다는 건설, 투자, 수출하는 산업 부문만이 뒤처지지 않기를 바랬다. 원자력 에너지 공급의 노하우와 소유권 부족은 많은 민주주의국가들이 무시해왔던 미래 경쟁력에 위협이 되었다.

단기적으로는 이미 안정성이 입증된 원전을 더 안전하게 보완하겠다면서 거액을 투자하거나, 정당한 이유 없이 원자력발전소를 해체하고 탄소 연료로 발전을 하는 등 여론을 달래는 작업이 계속되고 있다. 대중들은 결국 그 비용이 자신들과 산업에 부과되는 전기요금을 어떻게 부풀리고 있는지를 알게 될 것이고 이런 작업의 거품은 아무런 이익없이 꺼질 것이다. 원자력 산업에 있어서, 폐기물 및 폐로에 관한 불필요한 기준을 따르기 보다는, 지금 필요한 추가

4) 영구동토층은 지중온도가 일년 내내 물의 어는점 이하로 유지되는 토양층을 일컫는다. 북극이나 남극에 가까운 고위도 지역에 주로 분포한다.

원자력 발전소를 건설하도록 장려하는 것이 훨씬 더 큰 이득이 될 것이다.

사회에서 안정성과 영향

끝없는 공포와 관습의 결과

3장에서 우리는 한 집단의 생존을 가능하게 하는 많은 개체들 사이의 경쟁에 대해 언급했다; 이것은 한 개체가 생존하도록 돕는 몸 안의 세포들의 관계와 같다. 한 사회를 유기체에 비유한다면 비슷한 점이 많아진다. 사회는 스스로 찾은 환경의 진화적 산물이다. 사회는 종종 악영향을 주는 도전들에 대해 반응하고 변화한다. 사회는 - 법률, 교육, 전통, 권리, 의무- 같은 구조를 갖고 있고, 사회는 이 구조를 사회 구성원들에게 적용한다. 외부적으로 다른 사람들에게 적용하는 규범도 있다. 사회의 생존은 이러한 반응들이 목적에 맞는지에 따라 결정된다 - 만일 이런 반응들이 사회의 구성원들을 지지하지 않으면 사회 전체가 경제적으로, 문화적으로 또는 군사적으로 침략당할 위험에 처하게 된다. 어떤 식으로든 사회가 사라진다면, 사회는 그 정체성을 다른 무언가에 뺏기게 된다.

사회가 공격받을 것을 예상하여, 목적을 가지고 효과적으로 사고하고 행동하는지 아닌지를 알아내는 것은 논쟁의 여지가 있다 - 그것은 가정일 뿐이다. 과연 이런 일들이 실제로 일어날까?

대부분의 사회는 개인적인 일과 목적만을 뒤쫓아 반사적으로 행동하며, 효과적인 사회는 그러한 자기 중심적인 야망을 사회 전체의 이익으로 전환한다. 사회 내의 많은 활동들은 공동선에 의해 동기부여가 되지 않더라도 무해하다. 그러나 점점 사회의 자원을 고갈시키고, 비이성적인 목표를 위해서 여론을 양극화시키는 사람들도 있다. 이들은 악성 종양처럼 작용하여 사회를 약화시키고, 위험들을 무릅쓰게 하고 많은 재물을 잃게 만든다.

천정부지로 치솟는 인플레이션은 한 예이다. 그리고 건물 투기로 인한 주택 버블은 또 다른 예다. 그러면 사람들은 다른 사람들이 하는 것을 가능한 한 빠른 속도로 절박하게 따라하게 된다. 이것은 불안정을 가져오고 비참한 결과를 초래한다. 이에 대한 예로 방사능에 대한 비이성적인 공포를 들 수 있다. 일본은 50개의 원자로를 대기 상태로 유지하고 화석연료로 대체하기로 했는데 이에 대한 비용은 연간 300억 달러이다.

원자력 에너지에 대한 비합리적인 공포때문에 휴대 전화 안테나나 송전탑을 설명하는데 방사선이라는 꼬리표가 사용되었다는 이유로, 이 두 가지에 대한 모방 공포를 퍼뜨릴 때, 이 병은 암처럼 전이되어 현대 과학을 응용하는 혜택을 가로막을 것이다.

안전과 안정성에 대한 사회적 계약

사회에서 사람들은 사회의 안정을 유지하기 위해 개인의 자유를 대가로 개인의 음식과 쉼터에 대한 적당한 욕구를 충족시킬 수 있는 자원과 타협하는 계약을 맺는다. 사람들은 그들 편의 계약을 이행하기 위해 돈을 벌 일자리가 필요하다. 세금을 통해 지불하든 직접 지불하든 간에, 사람들은 최대한 좋은 현재와 미래의 일자리를 만들기 위해 교육을 살 수 있어야 한다; 이와 유사하게 의료 서비스도 이용할 수 있어야 한다.

만약 개인들이 계약서에 불만을 갖는다면 사회의 안정성이 위태로워진다. 실업과 충분하지 못한 교육이 원인일 가능성이 높다; 질병과 나쁜 건강일 수도 있다. 그러나 규칙과 법률을 통해 사람들을 통제하는 것은 이해를 통해서 하는 것처럼 동기를 부여하지 않는다; 규칙이 안정성에 이바지하는 것은 권위적인 반면 이해는 사회에 회복력과 내장된 동의를 가져온다. 교육은 자신감을 북돋우고 안전에 대한 이해를 제공하지만, 교육이 없다면 안전은 단순히 지켜야 할 일련의 규칙들에 지나지 않는다.

교육은 민주주의를 가능하게 한다. 왜냐하면 사람들은 문제를 이해할 수 있기 때문이다. 수십 년 동안 과학기술이 발전하면서 민주주의를 안정시키는데 필요한 교육 수준이 높아졌다. 하지만 개인들이 과학을 이해하는 것에 등을 돌리기로 결정한다면 민주적인 의견은 정보 부재 상태에 놓이게 되고 불안정의 근원이 된다.

규제를 통해 사람들에게 동기를 부여하는 것은 이해를 통해서 하는 것 보다는 덜 효과적이다, 그러나 돈으로 무엇을 살 수 있을까? 이 사회는 법보다는 돈으로 행동을 더욱 유연하게 통제할 수 있다. 쓰레기와 폐기물을 불법화하는 대신, 우리는 그것의 위험 여부에 따라 비용을 치르게 할 수 있다. 보다 일반적으로 비용은 삶의 향상이나 사망 위험이 관련된 문제뿐만 아니라 유용성에 관련이 있을 것이다. 이것은 유치한 경제 모델이지만, 우리는 그것의 윤곽을 알아봄으로써 배울 점이 있다. 생물학적 폐기물을 방출하는 것은 매우 비싸질 수 있다. 많은 사람들은 돈을 지불할 수 없게 될 것이고, 이런 종류의 해결책에 대한 어려움이 제기된다. 버려진 화학 폐기물과 모든 형태의 탄소의 연소는 환경에 영향을 미치게 되므로 이 역시 비쌀 것이다. 우리에게 필수적인 담수는 심각한 공급난으로 가격이 치솟을 것이다. 장거리 여행을 처벌하면 전염병이 퍼지는 것을 차단할 것이고 여행을 돈이 들지 않는 전자 통신으로 대체하는 것이 장려될 것이다. 이러한 관점에서 보면 핵폐기물은 화석연료 폐기물에 비해 단위 전기 에너지당 백만분의 일 밖에 되지 않으므로 환경에 미치는 영향이 작고 많은 양의 재활용이 가능하다. 따라서 많은 비용이 들지 않을 것이다. 그렇다면 에너지 그 자체로는 어떨까? 온실가스 배출이 없는 한 원료부터 무료가 되어야 한다. 에너지는, 결국 너무 싸져서 물처럼 누구나 쉽게 이용할 수 있게 될 것이다. 물론 이러한 제안은 현재 실현 가능성이 없을 수 있지만, 나아가야 할 방향을 제시해 준다.

우리 앞의 길

새 안전 기준

자연 방사성 붕괴는 지구를 뜨겁게 만들고 지각판, 지진, 쓰나미를 몰고 다니며 실제로 2011년 3월 일본에서 재앙을 일으켰다. 후쿠시마 원자로의 방사성 붕괴 열은 지역적인 문제를 포함하고 있었지만 그 누구도 해치지 않았으며 전혀 재앙이 아니었다. 수년 동안 과학적 견해는 방관하고 지켜보고 있었다, 반핵 운동에 영향을 받은 정치적 공포가 빠르게 퍼지는 동안 엄청난 자원을 낭비하고 진정한 문명에 대한 위협들: 사회경제적 안정, 환경변화, 인구, 식량, 담수-로부터 주의를 빼앗기고 있었다. 과학은 소리를 내서 말해야 했고 더 빨리 말했어야 했다.

과학은, 대중들의 정치적 투표 결과 혹은 소송이 아니라, 방사선 안전과 그것을 진정으로 확인시켜주는 유일하고 확고한 근거이다. 국제기구(ICRP, UNSCEAR 및 IAEA)들은 그들의 권고 철학을 실제 위험에 상응하도록 변경해야 하며, 이로써 전 세계가, 환경을 훼손하지 않고 미래의 사회 경제적 안정을 지원할 수 있는 주요 에너지원에 대해서 겁먹지 않게 해야 한다. 그들은 LNT모델 사용을 완전히 버리고 문턱값 사용으로 대체해야 한다. LNT모델의 기반이 되었던 과학이라는 이름은 거짓이었고 현대 생물학과는 양립할 수 없는 것으로 밝혀졌다; LNT모델의 예측은 증거와 맞지 않는다.

오늘날에는 100 mGy 미만의 급성 선량이나 월 100 mGy 미만의 만성 선량률에 대한 실질적인 위험은 없는 것으로 밝혀졌다. 이는 1934년 ICRP가 설정한 월 60 mGy라는 문턱값에 근접한 것이다. 위험하지 않은 최대 평생 선량은 명확하지는 않지만, 현재 나온 증거는 최하 5,000 mGy라고 시사하고 있다. 이러한 문턱값들은 두, 세배의 편차에 대한 논쟁의 여지가 있지만, 무시무시한 ALARA/LNT 규제 대신 사용되어야 한다. 이 문턱값들은 사회적 스트레스를 줄이고 폐기물 및 폐로(decommissioning)와 관련된 과장된 우려와 비용을 해소할 수 있을 것이다. 이렇게 된다면 국민들은 어떤 식으로든 안전에 전혀 도움이 되지 않는 불합리한 규제에서 발생하는 과도한 전기료에서 자유로와 질것이다.

이와 마찬가지로, 건강진단을 위해 권장되는 방사선 진단은 (최대 월 10번 정도까지) 암 발생의 위험이 전혀 없다고 안심시켜야 하고 방사선 기사도 같은 방법으로 안심시켜야 한다.

또한 방사선학, 생물학, 핵 과학을 포함하는 기후, 환경, 과학 교육에 초점을 맞춘 새로운 국제 협력이 필요하다. 원자력 안전에 대한 강박관념을 갖고 있는 현 위원회들은 가상적이 아닌 실제 위험에 대처할 수 있는 소신이 있는 새로운 위원회들로 대체되어야 한다.

21세기를 위한 계몽 교육

대중들에게 전리방사선이 의약품, 무탄소 전력, 담수화 및 식품 보존을 통해 어떻게 모든 사람들에게 이익을 주는지를 설명하고 교육하는 프로그램이 필요하다. 신뢰를 쌓기 위해서는 정부나 산업계가 아니라 의료계, 대학, 학교 교사를 통해 이 교육이 이루어져야 하며, 기득권의 어떤 의견에서도 자유로워야 한다. 중요한 첫 단계는 교육을 실시하는 교사들 스스로가 속도를 내도록 하는 것이다. 교육은 가장 좁은 바닥에서부터 천천히 넓은 위로 올라가야 하기 때문에 시간이 걸린다. 소셜 미디어와 언론은 이 과정을 가속화할 수 있다. 정보를 얻고 동기를 부여받을 때, 언론은 인류에게 다가올 도전에서 생존을 확보할 수 있는 과학과 연합할 수 있을 것이다. 원자력 이야기에 대한 언론 보도를 엉망으로 만들었던 편한 무지와 게으름, 무관심한 태도는 더 이상 용인되서는 안되며, 이는 유전자변형 작물이나 우리의 미래가 달려있는 다른 사항에 대해서도 마찬가지이다. 교육의 핵심 추진력은 학교와 대학을 통해서 나와야 한다. 이는 정부뿐만 아니라 사심없는 학술 단체와 자선 재단을 포함한 전 세계적인 지원을 필요로 한다.

원자력 기술을 효율적으로 사용하기

탄소 연료를 사용한 발전을 원자력발전으로 전환해서 환경을 이롭게 하는 것은 물론 이미 늦었지만, 더 이상 지연되어서는 안된다. 가동 중지 상태인 원전은 재가동해야 한다; 경제적 또는 안전의 관점에서 최근에 폐쇄된 원전에 대해 더 많은 의문을 가져야한다. – 원자력 발전의 안전성과 재정에 대한 판단이 의심되기 때문이다.

단기적으로는 새로운 발전소를 실용적인 설계에 따라 건설해야 한다. 어느 디자인을 선호해야 할지는 상업적 결정이지만, 그러한 결정은 쉬워져야 한다. 계획과 건축 시간은 줄이고, 최종 비용은 낮춰져야 하며, 이는 안전에 대한 현재의 강박관념을 적절히 완화시키는 것과 함께 이루어져야 한다.

중장기적으로 핵연료 사이클을 완성하기 위해서는 **고속 중성자 원자로**를 사용하여야 한다. 현재 사용할 수 있는 이전 디자인과 추가 개발이 필요한 최신 디자인 등 여러 경쟁 디자인이 있지만 이것은 새로운 가능성을 말하는 것이 아니다. 어떤 설계는 보다 안전하다고 알려졌지만, 그러나 중요한 것은 더 높은 연료 연소도이다. 즉, 경수형-우라늄 원전에서 나오는 재처리 연료, 불필요한 무기 연료, 플루토늄, 토륨 및 열화 우라늄 등을 활용할 수 있는 능력이다. 우라늄과 토륨의 현재 매장량과 재활용할 수 있는 양을 합치면, 세계는 수백 년 동안 핵 연료를 풍부하게 공급을 받을 수 있다. 새로운 설계 간의 치열한 경쟁은 상대적 비용, 신뢰성 및 이용률에 의해 해결될 것이다. 예를 들어, 모듈형 현장외 건설[5] 기법을 사용한다면 경제적인 이득이 발생할 수 있다. 하지만 어떻게 되든 전리 방사선의 안전성과 그것에 대한 교육을 받지 못한 대중의 민감성이 그 기준이 되어선 안된다.

결국 핵융합 발전이 가능하겠지만 그 이전이라도 수백 년 동안 세계 정치와 경제를 지배해온 에너지 자원 쟁탈전은 끝나야 한다.

---

5) 모듈형 현장외 건설(Off-Site Construction)이란 공장에서 대부분의 자재와 구조체 등을 생산하고 현장으로 운반하여 조립하는 방식의 건축으로 구조재 등을 표준화, 부품화 하여 효율성을 높이고 공사기간을 단축시킬 수 있다.

최단기간에 공급되는 자원이 이 점에 있어서 유리할 것이다. 노하우와 과학적 이해는 저절로 공유되지 않는다; 이 두 가지는 접촉과 교육에 의해서 전파될 수 있다.

임상실험과 방사선 생물학의 발전

방사능이 살아있는 조직에 영향을 미치는 과정을 설명하기 위해 우리는 단순히 권위자의 말을 인용하는 대신 증거와 주장을 제시하려고 노력해왔다. 또 우리는 독자들이 남들이 말하거나 쓴 것에 지나치게 의존하지 않고 자신 스스로 결정하라고 권고해 왔다. 그러나 현재의 방사선의 생물학적 효과를 요약하기 위해 우리는 방사선 생물학과 생물물리학 분야의 캘리포니아 대학 명예교수 데이비스 오토 라베의 말을 인용한다. 그는 미국 보건물리학 아카데미(1989)와 보건물리학회(1997)의 회장을 역임하였고 2014년에 다음과 같이 썼다:

전리방사선 발암은 확률적인 단일 세포 변환이 아니며, 누적 선량의 함수가 아니라, 전체 장기 활동의 과정이며 민감한 장기 세포군에 대한 생애 평균 선량률의 정밀함수다. 그것은 일반적으로 잘못 가정된 누적 선량의 선형 함수가 아니다.

임상 의학에서는 환자의 건강에 도움이 되고 위험이 없는 정밀검사 스캔에 과도한 두려움을 보이는 환자들에게 방사선 공포증이 미치는 영향에 대해 우려하고 있다. 원자력에 관해 안도감을 주기 위해 필요한 공교육은, 개인 건강을 위한 방사선 진단을 수용하는 데에도 중요하다. 진단 정밀 검사의 위험성을 연구할 필요는 전혀 없다.

그러나 저선량 방사선(LDRT)의 치료 효과에 대한 추가 연구가 필요한 영역이 있다. 이는 확인된 암을 대상으로 하고 치료하는 데 사용되는 일반적인 고선량 방사선 치료(HDRT)와는 다르다. 확산빔 저선량 방사선(LDRT)[6] 경우, 면역 시스템을 자극하여 암을 예방하거나 억제할 수 있는데, 바로 **호르메시스**[7]다. 라돈 건강 스파에서 많은 사람들이 즐기는 것을 보면 호르메시스의 유익한 효과에 대해 더 많은 것을 알 수 있을 것이다. 아무튼 이것은 방사선 안전과 원자력의 사용에 있어서 지엽적인 것이다.

세계를 위해서 일하는 것 혹은 정화작업

방사성 폐기물을 어떻게 처리할 것인가는 작은 문제이지만 대중들을 선동했고 언론을 지나치게 흥분시켜 왔다. 작은 문제라는 말은 방사성 폐기물의 양이 너무 적을뿐만 아니라 이 폐기물이 위험하다는 증거가 전혀 없기 때문이다. 더 중요한 것은 방사성 폐기물 안에 있는 연료는 약 1%만 사용되었기 때문에 에너지 자원으로서의 가치가 있다는 것이다. 이것을 사용후 핵연료보다는 약(弱)사용 연료로 부르는 것이 더 나을 것이다. 더 많은 고속 중성자 원자로의 출현으로 약사용 연

---

6) Low Dose Radiation Therapy

7) 호메시스(Hormesis)란 유해한 물질이라도 소량이면 인체에 좋은 효과를 줄 수 있다는 것이다. '호르몬과 같은 활동을 한다'는 이유로 이런 이름이 붙었다.

료는 재활용되어 더 많은 에너지를 생산할 것이다. 그렇게 되면 실제로 사용된 핵분열 폐기물만 남게 되고 그 방사능이 자연광석 수준으로 돌아오기까지 몇 백년 동안 묻어두면 된다. 시끌벅적하게 깊은 지하 속에 지어지는 거대하고 값비싼 사용후핵연료 저장소는 그저 일만들기 프로젝트처럼 보인다. 거의 모든 적절하게 건조한 광산이면 충분하다.

화석연료 산업에서의 사고는 훨씬 더 위험하다. 미국 펜실베니아의 센트랄리아와 호주 빅토리아의 모웰을 인터넷에 검색해보면 남다른 사연이 드러난다. 센트랄리아 지하에 있는 석탄층은 1962년 부주의에 의해 화재가 발생한 후 걷잡을 수 없이 계속 타오르고 있다. 그 결과 1.6평방 킬로미터에 달하는 마을 전체가 버려졌고 미국 우편국은 우편번호 17927을 삭제했다. 한 마을을 지도에서 지워버리는 것이 화석연료의 힘이다. 모웰 화재는 2014년 2월 발화돼 45일 동안 지속되다가 진화되었다.

화석연료 산업의 이해당사자들은 원자력 발전의 부활을 억제해 온 방사선 안전 수준의 시행에 감사할 필요가 있다.(제1장 〈그림 1-10〉 참조) 원자력 발전에 반대하는 일본과 독일 대중의 반응은 그들에게 보너스로 다가왔다. 하지만 국민들과 나머지 경제 영역에서는 원자력 안전에 대한 존재하지도 않는 위협을 감당하기 위해서 터무니없이 커진 지출때문에 비싼 전기요금을 부담하고 있다. 이렇게 다른 사람들이 어려움을 겪고 탄소배출량이 증가하는 동안 국제 위원회는 그들의 지위와 영향력을 마음껏 즐기고 있다.

그러나 과연 원자력 산업은 그들에게 터무니없이 무거운 짐을 떠넘겨 시장에서 퇴출시키는 상황에 대항할 수 있을까? 아니다. 그들은 규제 당국에 대항할 힘이 없다. 오직 보건물리학자들과 다른 학자들만이 그런 시도를 할 수 있다. 한편 방사선 공포증은 원자로 해체와 핵폐기물 처리 관련 추가 조치와 기존의 모든 발전소에 대한 추가적 안전 개선 적용이라는 명목으로 원자력산업에 필요한 노동력을 훨씬 더 부풀린다. 어쩌면 원자력 산업은 새로운 발전소를 설계하고 건설하는 실제 상업적 위험을 선택하는 것보다 이러한 안전보강 과제 수행을 위한 계약을 체결하는 것이 더 쉬울 것처럼 보인다. 그들이 옳게 말한 것처럼, 일부 투자자들은 규제 준수 비용 때문에 곤욕을 치르게 될 것이다.

다음의 숫자는 원자력 산업의 대다수의 인재들이, 기후 피해를 줄이기 위해 필요한 새로운 원자력발전소를 설계하고 건설하는 것이 아니라, 원자력 발전소의 안전 규정 준수와 원자력발전소 해체에만 관심을 가진다는 것을 간단하게 보여준다. 물론 거친 단편적 정보지만, 링크드인(LinkedIn) 원자력 안전 그룹 회원들의 가입 사유를 살펴보면, **원전 해체에 관심이 있는 사람**은 5998명이었고 **새로운 원자로 설계에 관심이 있는 사람**은 2666명에 불과하다(2015년 9월 기준). 원자력 산업과 규제 당국은 해야 할 일에 집중해야 하며 국민의 두려움을 달래려는 계약을 체결하고 이를 통해 그들의 생계를 유지하는 것을 중단해야 한다.

가능성이 없지만, 후쿠시마와 같은 사고가 다시 반복될 경우 무슨 일이 일어날지 생각해 보자. 발전소 소유주들은 투자금을 잃게 될 것이고, 2011년 3월처럼 방사능에 의한 인명피해는 없을 것이다. 단지 정보 부족의 공황 상태와 전세계 당국자들의 미숙한 조치만 남아있을 것이다.

진짜 재난? 그에 대한 설명은 과거에 일어났던 상황과 일치한다.

- 1975년 중국 시만탄에서 발생한 댐 붕괴 사고 현장에서 17만 명의 사상자 발생
- 1984년 인도, 보팔의 화학 살충제 공장에서 누출된 가스로 인해 최소 3,787명 사망, 558,125명 부상자 발생
- 2010년 딥워터 호라이즌에서 오일 배출 플랫폼 폭발로 11명의 작업자가 사망하고, 해저 유정이 5개월 동안 통제 불능 상태의 원유 유출로 멕시코만 전 지역을 오염시킴
- 2014년 터키 소마에서 발생한 탄광 사고로 301명의 사망자 발생
- 2015년 8월 중국 텐진 항구의 한 창고에서 발생한 화재와 화학 폭발로 173명의 사망자 발생

전 세계의 후쿠시마 사고에 대한 반응은 하나의 재앙이었다, 그러나 원전 사고 자체만 보아서는 분명히 그런 재앙은 아니었다. 현대 문명이 더 큰 문제를 안고 있기 때문에 우리는 위험을 이해할 때 잘 구분해야 한다.

전문가들의 발의안

전 세계에는 LNT 모델과 ALARA를 채택하면서 생긴 불합리한 상황을 예리하게 인식하고 있는 의사, 엔지니어, 물리학자, 생물학자 및 고위 안전 담당자가 포함된 전문가들이 있다. 그들은 대학, 정부 연구실, 병원과 산업체 출신들이다. 캐나다, 폴란드, 미국, 독일, UAE, 영국, 일본 및 이스라엘 출신의 70명의 회원을 보유하고 있는 특별 국제 전문가 그룹 "정확한 방사선 정보를 위한 과학자(SARI)"의 목적 중 하나는 언론과 저널에 나오는 비과학적인 기사에 적절한 반박문을 게재하는 것이다. 비과학적인 기사들은 종종 LNT 모델에 기초하고 있고 그 기사들은 기회가 있을 때마다 서면이나 강의, 인터뷰, 토론에서 반박될 필요가 있다. 이 단체는 또한 미국의 저선량 방사선 연구의 축소, 원자력 논쟁의 왜곡, 방사능에 대한 공교육 부재 등에 대해 우려하고 있다.

SARI의 회원들은 솔선하여, 개인 또는 단체로, 정치인과 위원회, 공공단체에 글을 보내고 있다. 특히 미국 원자력규제위원회(NRC)에는 현재 LNT 가설을 근거로 하고 있는 방사선 안전 규제를 개정해 달라는 3건의 청원을 올렸다. UCLA의 종양학 교수 캐롤 마커스가 신청한 첫번째 청원에서는, LNT 모델이 어떻게 방사선 흡수 선량이 아무리 작더라도 치명적인 암을 일으킬 확률이 상존한다고 가정하는지에 대해 기술했다, 그는 또 LNT모델은 규제기관이, 실제 선량 한계나 ALARA 원칙을 이용해, 작업자와 공공 방사선 허용 수준을 비현실적으로 낮추는 규제가 정당하다고 느끼는 구실이 되고 있으며, 그들에게 모든 사람이 안전해진다는 착각을 갖게 했다고 설명했다. (그리고 그들 자신과 피인가자들에게 지속적으로 증가하는 업무부하를 창조했다.) 그는 이 LNT 가설이 1956년 미국 국가과학아카데미 원자방사선생물학적효과위원회 (BEAR I)/유전자공학 패널에 의해 권고된 이후, 이 LNT 가설을 지지하는 과학적으로 타당한 근거가 전혀 없었고, 이러한 규정을 준수하는 데 드는 비용은 막대하다고 지적했다. 마커스 교수는 ALARA가 규제에서 완전히 제거되어야 한다고 주장하면서 그 이유로 해롭지 않을 뿐만 아니라 건강편익(Hormetic)이 될 수도 있는 방사선량을 ALARA 때문에 줄이는 것은 전혀 이치에 맞지 않는다고 강조했다. 같은 이유로 공공과 작업자의 안전 규제에 있어서 어떠한 차이가 있어서는 안되며, 마찬가지로 임산부, 배아 및 태아, 그리고 18세 미만의 어린이에 대한 선량에 대해서도 차별이 있어서는 안 된다고 주장했다.

나머지 2건의 청원 역시 SARI 회원들이 낸 것이었다. 이 중 모한 도스가 제출한 청원 문서는 24명의 SARI 회원들이 서명하고 추가 논점을 제시했다: 미래에 미국에서 일어날 수 있는 방사능 물질 누출이 수반되는 잠재적 사고는 LNT 모델에 근거한 암에 대한 공포와 우려로 인해 공황 대피로 이어질 가능성이 높으며, 후쿠시마에서 발생한 것과 같은 상당한 사상자와 경제적 피해를 초래할 것이다. NRC가 선량 문턱값을 인정한다면 외부로 방사선이 누출될 때 그러한 공황, 관련 사상자 및 경제적 피해가 없을 수도 있다.

2015년 6월 23일에 NRC는 대중의 의견을 구했으며, 본인은 9

월 6일 다음과 같은 의견을 제출했다.

> LNT와 ALARA의 사용은 미국 내의 문제가 아니다. 1950년대에 세계는 미국의 과학적인 리더십을 기대했다. 하지만 이 경우에, 에드워드 캘러브레스의 출판물에서 드러난 것처럼, 미국의 기관들은 이 문제를 간과해서가 아니라 속임수를 썼기 때문에 리더로서의 자격이 없음을 드러냈다. 미국의 명성과 과학적 진실성이 위태롭다 : 미국 NRC는 세계의 건강, 환경, 사회경제적 안녕을 위해서 이 오류를 바로잡고 집안을 정돈해야 한다.
>
> LNT와 ALARA와의 절연(絶緣)은 핵과학에 대한 70년 동안의 문화적 두려움이 과학적인 명분없이 자유세계를 희생시키고 기회를 제한했다는 깨달음과 공교육의 확산을 장려할 것이다.

이들을 비롯한 다른 발의안들은 압박을 받고 있으며, 앞으로도 그럴 것이다. 불가피하게 대중들로부터의 두려움과 불신의 반응도 있다. 그러나 이 반응들은 과학에 근거하지 않은 본능적 반응이다. 급진적 변화의 가능성을 고려하지 못하는 여러 위원회로부터 매우 조심스러운 반응이 나오는 것은 당연하다. 이런 점 역시 예상되었다. 그러나 그들의 보수주의는, 후쿠시마에서처럼 극단적인 안전절대주의가 야기하는 사회적, 경제적 피해와 인명 손실을 함께 비교하여 평가되어야 한다.

원자력을 두려워할 이유는 없다. 언제나 없었다. 두려워할 대상은 맹목적으로 사전예방 원칙을 적용하는 것이다.

〈권장 도서 및 자료〉

[SR-1] Book by David MacKay Sustainable Energy – Without the Hot Air UIT Cambridge Ltd 2009

http://www.inference.eng.cam.ac.uk/sustainable/book/tex/cft.pdf

[SR-2] Book by Henriksen, Radiation and Health, 2015 edn.

http://www.mn.uio.no/fysikk/tjenester/kunnskap/straling/radiation-and-health-2015.pdf

[SR-3] Book by Wade Allison Radiation and Reason, the Impact of Science on a Culture of Fear, 2009 http://www.radiationandreason.com

[SR-4] Book by John Mueller Atomic Obsession: Nuclear Alarmism from Hiroshima to Al-Qaeda ISBN 978-019983709 (2012) Oxford University Press

[SR-5] Reference article by World Nuclear Association Nuclear Radiation and Health Effects

http://www.world-nuclear.org/info/Safety-and-Security/Radiation-and-Health/Nuclear-Radiation-and-Health-Effects/

[SR-6] Documentary by formerly anti-nuclear environmentalists who have changed their views Pandora's Promise, by Robert Stone

http://pandoraspromise.com/

[SR-7] Video on Chernobyl wildlife (2012) Discovery Channel :

http://t.co/puM2rwyBMH, also at https://www.youtube.com/watch?v=IEmms6vn-p8

and triggered pictures of wildlife at Chernobyl (2015)

http://www.bbc.co.uk/news/science-environment-32452085

[SR-8] Article by Wade Allison We should stop running away from radiation (26 March 2011) BBC http://www.bbc.co.uk/news/world-12860842

[SR-9] Submission by Wade Allison to UK House of Commons Select Committee http://www.publicati onsparliament.uk/pa/cm201012/cmselect/cmsctech/writev/risk/m04.htm

[SR-10] Book by Mary Mycio Wormwood Forest, a natural history of Chernobyl.

〈용어 및 약어 해설〉

Adaptation	적응
AHARS	방사선 안전 기준에 관한 약어로서, '비교적 안전한 한 높은 수준(As High As Relatively Safe)'을 의미한다. 이 책에서 방사선량의 안전 문턱값으로 제안되었다. (『Radiation and Reason』에서도 제안되었다)
ALARA	방사선 안전 기준에 관한 약어로서, '합리적으로 달성할 수 있는 한 낮은 수준(As Low As Reasonably Achievable)'을 의미한다. LNT 개념에 기초하고 있고, ICRP, IAEA, UNSCEAR, NRC 등에서 선호한다.
Alchemy	연금술: 염기 금속을 은이나 금으로 바꾸려는 사이비(似而非) 과학
ANS	미국 원자력 학회(American Nuclear Society)
ARS	급성 방사선 증후군(Acute Radiation Syndrome)
Astrology	점성술: 태양, 달, 행성, 별의 위치에서 지구상의 일을 예언하려는 사이비(似而非) 과학
BEIR or BEAR	미국 국가과학아카데미의(NAS) 위원회 이름 (Biological Effects of Ionising or Atomic Radiation) 1956년 보고서를 포함한 전리방사선의 생물학적 영향, 유전학 패널
Bq	베크렐: 방사능 단위로써 초당 1회의 방사능 붕괴
brachy-therapy	근접치료: 방사선이 이식된 또는 내부 방사능 선원에서 나오는 방사선 치료
chain reaction	연쇄반응: 불꽃에 의해 불이 점화되어 불이 붙는 것과 같이 점진적으로 스스로 반응하는 것 또한 중성자가 U-235 또는 Pu-239의 핵분열 반응을 초래하는 것을 의미.

Chemo-therapy	항암 화학요법: 약물을 이용한 항암치료
CND	반(反)핵운동(Campaign for Nuclear Disarmament)
CT scan	외부 X선을 이용한 3차원 방사선 촬영
DNA	디옥시리보핵산(de-oxyribonucleic acid)
DSB	DNA 두 가닥 절단(a double strand break of DNA)
ESR	전자스핀공명(Electron Spin Resonance) 예를 들어 NMR처럼 치아나 뼈의 조사로 인해 손상되지 않은 전자를 측정한다.
Functional image	방사능으로 조직을 구분하는 의학적 이미지.
Gy or gray	누적 방사선 에너지의 선량을 나타내는 단위. 1 Gy = 1 J/kg, 즉 1 W×sec/kg
HDRT	고 선량 방사선 요법(High-Dose Radio Therapy) 재래식 방사선 치료요법
Hibakusha	피폭자. 히로시마와 나가사키에서 살아남은 사람들, 즉 말 그대로, 폭발로 영향받은 사람들
Hormesis	저방사선량 또는 기타 스트레스 요인에 의해 강화된 자연 보호 자극, 건강이득
HPS	보건물리학회(Health Physics Society)
IAEA	국제원자력기구(오스트리아, 비엔나) (International Atomic Energy Agency, Vienna, Austria):
ICRP	국제방사선방호위원회(International Commission for Radiological Protection)
INES	국제 원자력 사고 등급(International Nuclear Event Scale)

IPCC	기후 변화에 관한 정부간 협의체 (Intergovernmental Panel on Climate Change)
LDRT	저 선량 방사선 요법(Low-Dose Radio Therapy)
LET	선형에너지전달(Linear Energy Transfer) 이온화 트랙을 따라 축적된 에너지 밀도
Linearity	각 원인 물질이 타 영향 없이 독자적인 부가 효과를 기여하는 과정
LNT	문턱값 없는 선형 가설(혹은 모델)로 ICRP 등이 선호하는 모델(Linear No-Threshold hypothesis or model)
megaton	100만 톤의 고폭탄 TNT에 해당하는 핵무기의 에너지
metastasise	전이: 혈류를 통한 암의 늦은(후기) 확산
mGy	밀리그레이, 1 Gy의 천 분의 일.
morbidity	병적 상태
MRI	자기 공명 영상법(Magnetic Resonance Imaging) NMR을 사용한 3-D 스캔
mSv	밀리시버트, 1 Sv의 천 분의 일: LNT 모델에서 조직 손상에 대한 계산값
NAS	미국 국가과학아카데미(National Academy of Sciences)
NCRP	미국 국가방사선보호위원회(National Commission for Radiological Protection, USA)
NMR	핵자기공명, Nuclear Magnetic Resonance MRI의 기초

NOAEL	무독성량(No Adverse Effects Level), AHARS의 문턱값과 유사하다.
NRC	미국 원자력규제위원회(Nuclear Regulatory Commission, USA)
organelle	리소솜: 특별한 기능을 가진 생물 세포의 하위 세포, 특히 에너지 생산을 위한 미토콘드리아가 이에 속함.
palliative treatment	완화 치료, 암의 확산을 지연시키기 위한 치료법
PET scan	양전자 방사 단층 촬영법(Positron Emission Tomography)
radiolysis	전리방사선에 의한 분자파괴
RF	무선주파수(Radio Frequency, 전자기파의 일종)
ROS	반응성 산화 종(Reactive Oxidative Species)
RT	방사선 치료(radiotherapy), 암세포를 죽이기 위한 치료
SARI	정확한 방사선 정보를 위한 과학자들(Scientists for Accurate Radiation Information), 국제 다학제 전문가 그룹
SMR	소형모듈원전(Small Modular Reactor)
SPECT scan	단일광자 단층촬영(Single Photon Emission Computed Tomography)
SRI	방사선 정보 협회(Society for Radiation Information), 일본의 과학자와 외부인들의 단체
SSB	DNA의 한 가닥 절단(Single strand breaks of DNA)
Sv or sievert	LNT 가정에 기초한 방사선 손상 단위. 베타 또는 감마의 경우 1 Sv = 1 Gy

TEPCO	도교전력(Tokyo Electric Power Company), 다이이치 현의 후쿠시마 제1 원자력 발전소 소유주
Threshold	문턱값, 부정 효과가 없는 최대 자극
UNSCEAR	유엔 방사선영향 과학위원회(United Nations Scientific Committee on the Effects of Atomic Radiation)
US FDA	미국식품의약국(US Food and Drug Administration)
UV	자외선(Ultraviolet)
WHO	세계보건기구(스위스 제네바) (World Health Organisation)
WNA	세계 원자력 협회(런던) (World Nuclear Association)

문명의 힘 원자력 에너지

펴 낸 날 2023년 10월 25일
지 은 이 웨이드 앨리슨(Wade Allison)
기 획 (사)사실과 과학 네트웍
번 역 양재영
감 수 정동욱·조규성
펴 낸 이 박상영
펴 낸 곳 도서출판 정음서원
주 소 서울특별시 관악구 서원7길 24, 102호
전 화 02-877-3038
팩 스 02-6008-9469
신고번호 제 2010-000028 호
신고일자 2010년 4월 8일

I S B N 979-11-982605-3-6
정 가 18,000원

※ 잘못된 책은 바꾸어 드립니다.